0~6岁聪明宝宝食谱全书

艾贝母婴研究中心 ◎ 编著

四川科学技术出版社

前言

　　自从宝宝出生以来，就开启了自己的"吃喝玩乐"生活模式，显而易见，"吃好喝好"是宝宝生活的重中之重。相比成人随心所欲的吃吃喝喝，宝宝的饮食最具科学性，也最有章可循。就像查日历和看时钟一样，初为人母的妈妈们可以照搬着进行，宝宝的成长就不会出大问题。

　　但生活中总会出现一点小意外，有时是妈妈的疑惑，比如"吃好喝好"这句话。新生的宝宝需要给他喂水吗？母乳百般好，但需要一直喂下去吗？有时是宝宝太令人难以捉摸，妈妈心意满满地为宝宝做好了饭，然而它们却不是宝宝喜欢的那道菜，或者你追着宝宝喂饭，好不容易追上了，也喂进去了，然而宝宝却会非常坚决地把它吐出来。

　　是的，不喜欢吃，不想吃，宝宝可以把饭菜吐出来，可宝宝的生长却是不可逆的。如果宝宝的吃饭成了一个问题，那么不远的将来，甚至是很久远的未来，孩子都会受到影响。就像是一棵果树，如果春天的花开得不够灿烂，那么，秋天的果也不会香飘满园。

　　在这本书里，首先介绍了一些宝宝饮食的科学之法，然后介绍了一些常见饮食问题的解决之道，当妈妈们不再为宝宝的饮食问题疑惑或头痛后，就可以安心地为宝宝做一些内在营养平衡，外在形、色、味俱佳的宝宝专属饭菜了。接下来，在本书所推荐的几百道宝宝食谱中，每天妈妈都可以游刃有余地为宝宝选择做什么饭菜了。

　　当妈妈看到各种食材铺排在案板上，翻跳在锅里，摆放在餐桌上，接近宝宝的嘴巴，最后无声地落入宝宝的肚中，整个流程下来，想必是一种极大的满足。

　　宝宝的成长是不可逆的，愿妈妈为宝宝准备的每一口饭菜，让宝宝逆天地成长为一棵香飘满天的树。

目录

第一章

0~1岁宝宝的喂养
从母乳到辅食，把握营养关键期

喂养知识问答

宝宝食谱推荐

1

第二章

1～2岁宝宝的喂养
感知各种味道，家庭饮食初体验

菜肴食谱推荐

第三章

2~3岁宝宝的喂养
养成饮食好习惯，开始像大人一样吃饭

喂养知识问答

主食食谱推荐

菜肴食谱推荐

第四章

3～6岁宝宝的喂养
形美色香，留给宝宝童年的味道记忆

喂养知识问答

主食食谱推荐

菜肴食谱推荐

第五章

功能食谱
宝宝生病时的营养食疗餐

0~1 岁宝宝的喂养

从母乳到辅食，
把握营养关键期

喂养知识问答

0～6月龄：坚持母乳喂养，提高奶水质量

母乳喂养无可比拟的优越性有哪些？

母乳是婴儿最理想的食物，纯母乳喂养能满足婴儿6月龄内所需要的全部液体、能量和营养需求，可谓既经济、安全又方便。

对宝宝来说，母乳好处多多，不仅有利于宝宝肠道健康微生态环境的建立和肠道功能的成熟，降低感染性疾病和过敏发生的风险；同时，还能营造最佳的母婴情感交流环境，给宝宝以最大的安全感，利于宝宝心理、行为和情感的发展。

对妈妈来说，母乳喂养能促进子宫收缩，减少产后出血。在给宝宝提供乳汁的同时，每天可消耗大于500千卡路里*的热量，有助于产后体形恢复。从远期来看，母乳喂养还能减少妈妈患骨质疏松的风险，减少患乳腺癌、卵巢癌的概率。

*1千卡路里 = 4.186千焦

尽早开奶真的有那么重要吗？

分娩后，妈妈应尽早开奶，让宝宝开始吸吮乳头以获得初乳，并进一步刺激泌乳，增加乳汁分泌。可以说，让宝宝尽早地反复吸吮乳头，是确保成功进行纯母乳喂养的关键。

在开奶过程中，不用担心新生儿的饥饿。因为宝宝出生时，体内储备了一定的能量，可满足至少 3 天的代谢需求。妈妈只要密切关注宝宝的体重，其出生后体重下降只要不超过出生体重的 7%，就应坚持纯母乳喂养。

如果妈妈暂时没有乳汁分泌，也要尽量让宝宝吮吸乳头，以促进乳汁分泌。

是选择按需喂养，还是按规律喂养？

应选择按需喂养，饥饿是按需喂养的基础，宝宝因饥饿而哭闹时应及时喂哺，一般来说，每天可喂奶 6 ~ 8 次或更多。妈妈不要强求喂奶的次数和时间，特别是 3 月龄以前的宝宝。

乳量的增加是一个循序渐进的过程，宝宝频繁吸吮乳头就是最好的催乳方法。一般情况下，宝宝出生后两天哺乳最好达到 12 次以上，并且保证夜间哺乳的次数。夜里 3 ~ 4 点是泌乳素分泌最旺盛的阶段，坚持夜间哺乳，会使泌乳量迅速增加。

如何掌握正确的喂奶方法？

推荐坐着喂奶。喂奶时，要保证宝宝的头和身体成一条直线，做到胸贴胸、腹贴腹，下颌贴乳房。喂奶时，妈妈要用手轻托乳房，待宝宝嘴巴张大时，让宝宝将整个乳头及大部分乳晕含入口中。

喂奶时，要两侧乳房轮流喂，最好是一边乳房吸空后，再换另一边乳房，以防残奶淤积在乳房中。如果一边乳房一次喂饱后仍有多余的乳汁，最好将其挤出，以促进乳房的正常泌乳，并避免乳汁淤积或继发感染。

喂奶时，每侧至少吸吮 15 分钟以上，以充分排空乳汁。这既有助于泌乳，还可让宝宝吸到最后一部分乳汁（后奶）。后奶的脂肪含量较高，产生的热能较前奶高两倍，利于宝宝的生长发育。

喂奶后，不要马上把宝宝平放，应将宝宝竖立抱起，头靠在妈妈肩上，轻拍背部，让宝宝排出吞入胃里的空气，以防止溢奶。

纯母乳喂养需要坚持多长时间？

只要条件允许，6月龄以内的宝宝要坚持纯母乳喂养，不添加任何食物及饮料，包括水。满6月龄以后，在添加辅食的基础上，可继续母乳喂养至宝宝2岁。

任何婴儿配方奶都不能与母乳相媲美，只能作为母乳喂养失败后的无奈选择，或母乳不足时对母乳的补充。不宜直接用普通液态奶、成人奶粉、蛋白粉、豆奶粉等喂养0~6月龄婴儿。

如何判断奶水是否充足？

妈妈总是担心宝宝没有吃饱，那么又该如何判断自己的奶水是否充足呢？

从妈妈方面看：产后乳房较孕期更丰满、充盈，局部皮肤表面的静脉清晰可见；喂奶前妈妈的乳房有明显的胀感，或奶水自然流出；喂奶时有下奶感，随着宝宝的吸吮可听到连续的吞咽声，甚至奶水从宝宝口角外溢。

从婴儿方面看，喂奶开始时，可感到宝宝慢而有力地吸吮，当宝宝吸奶的劲变小时，就表示宝宝已差不多吃饱了，大约20分钟，宝宝会主动松开乳头或含着乳头入睡。两次喂奶间宝宝有满足感，睡眠安静，有的醒后还能玩耍片刻；同时还要注意观察宝宝的小便次数，如果只给宝宝母乳，不添加任何辅食和饮料，婴儿每天有6次以上小便，就表明每天吃进了足够的奶量。家长要注意，如果已喂了水，这种方法就不合适了。给宝宝称重也是估算母奶量的客观指标，宝宝出生7~10天后，每周体重增加125~150克，或1个月增加700~800克，表明宝宝体重增加良好，母乳量足够婴儿的营养需要。

7~9月龄：逐一添加泥糊状辅食，小心食物过敏

为什么要给宝宝添加辅食？

随着宝宝的长大，母乳喂养已经不能完全满足宝宝对能量及营养的需求，这时就必须引入其他营养丰富的食物。与此同时，宝宝的胃肠道等消化器官的发育、感知觉，以及认知行为能力的发展，也需要他通过接触、感受和尝试，逐步体验和适应多样化的食物，从被动喂养转变到自主进食，这也是宝宝独立的第一步。

给宝宝添加辅食从几个月开始合适？

我国卫生部门提出的建议是在婴儿满6月龄（出生180天）后应添加辅食。具体到每个宝宝，开始添加辅食的时间，应根据宝宝的健康及生长的情况决定。

之所以提出满6月龄后才开始给宝宝添加辅食，是想强调，辅食并非越早添加越好，也不能过晚。6月龄前的宝宝消化功能尚不完善，过早添加辅食易引起过敏、腹泻等问题。辅食添加过早会使母乳吸收量相对减少，而母乳的营养是最好的，这种替代的结果得不偿失。母乳供给充足的宝宝过早添加辅食会造成早期肥胖。

辅食添加过晚的风险在于不能及时补充足够的营养。母乳中铁含量很少，如超过6个月不添加辅食，宝宝就可能患缺铁性贫血。一般认为，添加辅食最晚不能超过8个月。此外，6个月左右的宝宝进入味觉敏感期，及时添加辅食可让他接触多种质地或味道的食物，对避免长大后偏食和挑食有帮助。很多6个月大的宝宝已开始萌出乳牙，进入培养咀嚼能力的关键期。因此，满6月龄后开始添加辅食效果最好。

添加辅食就意味断掉奶水吗？

给宝宝添加辅食，并不意味着就可以忽视母乳或配方奶粉。母乳仍是这个阶段重要的营养来源，婴儿辅助食品又称"辅食"或"断奶食品"，其含义并不仅仅指宝宝断奶时所用的食品，而是指从单一的母乳喂养到完全断奶这一阶段时间内所添加的过渡食品。

宝宝辅食添加的原则是什么？

循序渐进地增加辅食量

第一次添加辅食1~2勺（每勺3~5克）。每日添加一次即可，宝宝消化吸收得好再逐渐加到2~3勺。

辅食种类从一种到多种

刚开始只尝试一种与月龄相配的辅食，尝试几天后没有过敏反应，如呕吐、腹泻、皮疹等，再试着添加另一种。如果几种新食物同时添加，一旦宝宝出现不耐受现象，家长一时很难发现原因。

由细到粗

开始添加辅食时食物要呈泥糊状，软滑，易咽；而后随着宝宝的不断成长，辅食的质地也要慢慢变得粗大，待宝宝要出牙时或正在长牙时颗粒就要更加粗大一些，以便促进宝宝牙齿顺利生长，锻炼宝宝的咀嚼能力。咀嚼能力的发展和后期的语言能力的发展很有关系，因此，妈妈们要在宝宝不同的月龄给他们不一样质地的辅食。

宝宝的第一口辅食是米粉还是蛋黄？

很多人认为给宝宝添加的第一种辅食是蛋黄，目前营养专家一致的意见是，宝宝的第一餐最好是强化铁的婴儿米粉1段。

这有两个原因：一是精细的谷类很少引发食物过敏；二是4~6个月后，宝宝在胎儿阶段从母体吸收储存到体内的铁逐渐消耗殆尽，且母乳中的铁含量相对不足，随着宝宝对铁的需求明显增加，易发生缺铁性贫血。而强化铁的婴儿营养配方米粉1段中含有适量的铁元素，营养配比相对均衡，妈妈非常容易调制成均匀的糊状，调制量任意选择，随时选用，而且味道淡，接近母乳或配方奶粉，宝宝很容易接受。

辅食添加让宝宝"自己做主"

很多家长有这样的想法，宝宝每餐、每天的辅食量都应该是差不多的。如果宝宝这餐少吃了几口，就担心影响宝宝生长；那餐多吃了一些，又怕宝宝吃多了消化不好。

在辅食量的选择上，妈妈不要过分地给宝宝做主，其实宝宝自己才最知道应该吃多少。我们大人吃饭也不是每餐都吃一样多的量，对宝宝就更不应该机械喂养，应该让宝宝自己去控制进食量，让宝宝可以有"饥"和"饱"的感觉，能够积极、主动地进食，而不是被动地接受喂食。

宝宝每餐之间喂养量差距在20%以内，每天之间的喂养量差距在40%以内，就是可以接受的。如果差距太大，也需要引起重视，积极查找原因。

给宝宝喂辅食要用小勺还是奶瓶?

妈妈要使用小勺而不是奶瓶喂辅食，这样做最重要的好处就是锻炼宝宝的咀嚼能力和吞咽能力，为以后能更好地过渡到吃固体的食物做准备。

可选择大小合适、质地较软的勺子，开始时只在勺子的前面装少许食物，轻轻地平伸，放到宝宝的舌尖上。妈妈也可以选择有感温的勺子，能让妈妈监控勺中食物温度，当温度超过40摄氏度时，勺子就会变色，这种勺子可以防止粗心的妈妈将宝宝烫伤。

怎样给宝宝添加蛋黄?

建议7~8个月后再给宝宝加蛋黄，如果蛋黄适应良好，就可尝试加蛋白。给宝宝初次添加蛋黄时，可以添加1/4个，兑适量温开水搅成稀糊状，然后喂食。如果担心对蛋黄过敏，开始可以再少加点，喂1/8个蛋黄，若无不良反应，再过渡到1/4个蛋黄，然后慢慢增量即可。

如何知道宝宝的辅食添加得是否恰当？

主要是看宝宝进食的情况，宝宝的大小便，以及宝宝的生长发育是否正常。

从进食情况看，在吃辅食或吃奶时都有一个相对准确的饥饿点，如果宝宝总是在这个点之前就饿了，可能就是没吃饱。如果喂养很规律，基本上到点就可以吃。这是一个评估宝宝是不是吃饱了的标准。

从大小便来看，如果宝宝大便很少，在排除便秘的原因之外，也可能有宝宝吃不饱的情况。

最重要的一个指标，就是宝宝的生长发育。无论爸爸妈妈主观上觉得自己的宝宝吃得多还是少，如果宝宝的生长发育指标是正常的，也就是身高、体重都是正常的，辅食的添加就应该是比较合适的。

可以把泥糊状食物和奶混在一起喂宝宝吃吗？

有的妈妈为了省事，把泥糊状食物和奶混在一起喂给宝宝，这是一个误区。给宝宝加泥糊状食物，一方面是为了给他加营养，另外一方面也是帮助他练习咀嚼。

咀嚼是需要锻炼的，必须让他训练舌头的搅拌能力才可以，而不是和奶一起吞咽下去。

七八月龄的宝宝可以吃颗粒细腻的辅食吗？

8个月以后，仍给宝宝吃颗粒细腻的辅食，并不是一个好选择。从医学角度来说，这时的宝宝已进入食物的质地敏感期，所以他特别喜欢吃稍微有点颗粒的食物；再加上宝宝逐渐开始长牙了，牙龈有痒痛的感觉，这也可帮助宝宝摩擦牙龈，以便尽快出牙。因此，8个月以后，辅食就不能太细腻了，应该给宝宝一点肉末、菜末、烂粥，这样孩子吃起来可能兴趣更大一些。

宝宝的辅食可以冷冻吗?

宝宝的食量较小,对于菜泥、肉泥等宝宝经常吃的东西,如果每顿饭都要做的话,就太麻烦了。所以我们可以一次多做一些,冻成小块储存。

冷冻辅食只要保存得当,不会出现什么问题。不过要注意的是只能给孩子吃冷冻过一次的辅食,如果冷冻加热后的辅食依旧没有吃完就应该直接扔掉,不能继续冻起来再吃了。

如何安排7~9月龄宝宝一天的饮食?

7~9月龄宝宝可每天母乳喂养4~6次,奶量应保持在600毫升以上。要优先添加富铁食物,如强化铁的婴儿米粉,也可先添加蛋黄,如蛋黄适应良好就可尝试添加蛋白,并逐渐达到每天1个蛋黄或1个整鸡蛋。畜禽鱼肉可每天添加50克(若宝宝对鸡蛋过敏,在回避鸡蛋的同时,增加30克肉类),其他谷物类、蔬菜、水果的添加量可根据宝宝的需要而定。

7~9月龄宝宝辅食的质地应从泥糊状开始,并逐渐过渡到9月龄时的带有小颗粒状的厚粥、烂面、肉末、碎菜等。

10～12月龄：从颗粒状过渡到块状辅食

10～12月龄宝宝辅食的特点是什么？

经过3个月的辅食喂养，宝宝已经尝试了许多食物。当然，一定还有许多食物是他没接触过的。为了减少将来宝宝挑食、偏食的风险，木阶段的宝宝应继续引入新的辅食。辅食的引入仍应遵循循序渐进的原则，并密切关注是否有食物过敏的现象。

除了扩大宝宝的食物种类，还要注意增加食物的稠度和粗糙度，可喂一些带有小颗粒状的辅食，并尝试块状的食物，如软饭、肉末、碎菜等。

如何安排10～12月龄宝宝一天的饮食？

本阶段的宝宝应停止夜间奶，可每天进行母乳喂养3～4次，总奶量约600毫升，并添加2～3次辅食，要注意每日食物的多样性：鸡蛋1个；畜禽鱼肉50克；适量婴儿米粉（含强化铁）、稠粥、软饭、馒头等谷物类；尝试不同种类的蔬菜和水果，同时根据需要增加进食量，可尝试碎菜、煮熟的胡萝卜和土豆，或让宝宝自己啃咬香蕉。

喂宝宝辅食的时间，要尽量与家人进餐的时间相同或相近，这样可以让宝宝养成规律的进食习惯，方便家人喂养。

如何为宝宝提供磨牙食物和手抓食物？

绝大多数宝宝在12月龄前会萌出第一颗乳牙，可以帮宝宝啃咬食物。虽然宝宝的乳磨牙尚未萌出，不过宝宝的牙床可以磨碎一些小颗粒状的食物。尝试这些颗粒状的食物可促使宝宝多进行咀嚼，利于宝宝乳牙的萌出。

家长要鼓励宝宝自己吃东西，可为宝宝准备一些便于抓捏的"手抓食物"，如香蕉块、煮熟的胡萝卜块和土豆块、面包片、小馒头、切片的水果和蔬菜，以及撕碎的鸡肉。一般来说，10月龄的宝宝可尝试香蕉、土豆等比较软的食物，12月龄时，可尝试黄瓜条和苹果片这些稍硬的食物。

宝宝食谱推荐

6 月龄食谱推荐

米粉糊

原料：

含铁婴儿米粉适量，
温水适量。

做法：

在消过毒的碗中倒入温开水，一边倒入米粉一边搅拌，
调成稀糊状，质感应该和原味酸奶的稀稠度差不多。

营养小贴士

　　这是宝宝成长历程中的一次飞跃，第一次辅食体验，要以**含铁的婴儿米粉**
开始哦！第一次的尝试只是浅尝，不是为了让宝宝吃饱哦，妈妈要掌握好量。

胡萝卜糊

原料：
胡萝卜1根
（约100克）。

做法：
❶ 胡萝卜洗净，削皮，切成小块，放入小碗中，上锅蒸15分钟左右至熟软。
❷ 将蒸好的胡萝卜用勺背压成糊状即可。

营养小贴士

胡萝卜含有丰富的 β – **胡萝卜素**，β – 胡萝卜素在体内可以转化成**维生素 A**，有保护视力的功效。

南瓜糊

原料：
南瓜1小块
（约50克）。

做法：
❶ 将南瓜洗净，削皮，去籽，切成小块。
❷ 放入小碗中，加入少许水，上锅蒸15分钟左右。
❸ 把蒸好的南瓜用勺背碾压成细腻的糊状即可。

营养小贴士

南瓜含有丰富的**锌**，参与人体内核酸、蛋白质的合成，为宝宝的成长发育提供重要物质。

土豆泥

原料：

新鲜小土豆 1 个
（约 50 克）。

做法：

❶ 将土豆洗净、去皮，切成小块。
❷ 上蒸锅隔水蒸至熟软。
❸ 取出蒸好的土豆块，放到细筛网里，用勺背碾压过筛成细腻的泥状即可。

营养小贴士

土豆营养丰富，含有丰富的**钙、磷、铁、钾**等矿物质和**维生素 C、维生素 A 及 B 族维生素**等营养素。为避免维生素受到破坏，制作时切的土豆块要小一些，以缩短加热时间。

香蕉泥

原料：

香蕉 1/4 根。

做法：

❶ 将香蕉去皮，切成小块放入小碗中。
❷ 用勺子将香蕉碾压成泥糊状，稍微加热一下。
❸ 加入少量冲好的配方奶拌匀即可。

营养小贴士

香蕉含有丰富的糖类和钾等，而且熟香蕉的质地很容易制成泥状。给初添加辅食的宝宝制作时最好稍加热一下，更有利于消化吸收。

苹果糊

原料：
苹果1个
（约100克）。

做法：
① 苹果洗净，去皮和果核，切成小块后放入碗中，放入蒸锅，隔水蒸15分钟。
② 取出蒸好的苹果块，连同蒸出的汤汁一起用勺子碾压成糊状。

营养小贴士

苹果的营养价值很高，富含**矿物质**和**维生素**，而且其营养成分可溶性大，比较容易被人体吸收。

7月龄食谱推荐

鸡肉米粉糊

原料：

鸡胸脯肉 30 克，
婴儿配方米粉 30 克。

做法：

❶ 将鸡胸脯肉用水冲洗干净表面的杂质，切成小块，放入搅拌机中打成鸡肉泥备用。

❷ 将鸡肉泥上蒸锅隔水蒸 8 分钟至熟。

❸ 婴儿配方米粉用温水调匀后，与蒸制好的鸡肉泥混合，搅拌均匀即可。

营养小贴士

婴儿配方米粉不是简单地把米研磨成粉，而是富含这个月龄宝宝需要的营养素，包括**蛋白质、脂肪、维生素、DHA、膳食纤维**和**微量元素**，特别是**铁、钙和维生素 D**。

小米胡萝卜糊

原料：

小米 50 克，

胡萝卜 1 根

（约 100 克）。

做法：

❶ 小米淘洗干净，放入小锅中熬成粥，取上层米汤备用。

❷ 胡萝卜去皮，洗净，切块，放入蒸锅蒸至熟软，取出碾压成泥状。

❸ 将小米汤和胡萝卜泥混合调成糊状即可。

营养小贴士

这道辅食含有丰富的**氨基酸**和**胡萝卜素**。逐渐让宝宝尝试各类食材，若宝宝耐受良好，对食材没有过敏现象，可混合食材，搭配着变化花样做辅食。

黄金南瓜羹

原料：

南瓜 50 克，

鸡汤 50 克。

做法：

❶ 南瓜去皮、去籽，洗净，切成小丁。

❷ 将南瓜丁放入搅拌机中，加入鸡汤，打成泥状。

❸ 搅打好的南瓜鸡汤泥放入小汤锅中，用小火煮沸，拌匀即可。

营养小贴士

南瓜含有丰富的 β - **胡萝卜素**，β - 胡萝卜素在体内可以转化成**维生素A**，能够保护宝宝视力、增强呼吸道黏膜的免疫力。

菠菜泥

原料:

新鲜菠菜叶6片,
玉米粉20克。

做法:

❶ 将菠菜叶洗净,切碎。

❷ 将切碎的菠菜叶放入锅中,煮熟或蒸熟后,磨碎、过滤(去汁)。

❸ 将菠菜泥放入锅中,加入少许水,边搅边煮,加入玉米粉及适量水,继续加热搅拌煮成黏稠状即可。

营养小贴士

菠菜中含有大量的 β-**胡萝卜素**,是宝宝获得**维生素、叶酸、铁和钾**的最佳来源。

土豆西蓝花泥

原料：

土豆 20 克，

西蓝花 100 克。

做法：

❶ 土豆去皮，切片，放入沸水中煮熟，压碎。

❷ 西蓝花洗净，放入沸水中煮熟，压碎。

❸ 将压碎的土豆和西蓝花混合，搅拌成稍微带有一些颗粒感的泥状即可。

营养小贴士

西蓝花的**维生素 C 和矿物质**含量相对高于其他蔬菜，且易消化，是辅食添加初期的良好食材。

鳕鱼碎

原料：

鳕鱼50克。

做法：

❶ 鳕鱼肉在清水中洗净，边洗边去掉鳕鱼的鳞片。

❷ 将鳕鱼放入蒸锅隔水蒸8分钟至熟，取出，去掉骨刺捣碎即可。

营养小贴士

鳕鱼中含有儿童发育所必需的各种**氨基酸**，其比值和儿童的需要量非常相近，又容易被人体消化吸收。

鸡肉西葫芦泥

原料：

鸡胸脯肉30克，
西葫芦50克。

做法：

❶ 将鸡胸脯肉在小汤锅内煮熟后打成泥备用。

❷ 将西葫芦洗净，削去皮，切成小块，上蒸锅隔水蒸8分钟至熟，然后压成泥。

❸ 将鸡肉泥和西葫芦泥混合拌匀即可。

营养小贴士

西葫芦含有较多的**维生素C、钾、维生素K、糖**等营养物质，能提高宝宝的免疫力，与鸡肉混搭营养更丰富。

菜花泥

原料:
菜花 2 朵
(约 30 克)。

做法:
❶ 将菜花洗净,切碎,放到锅里煮软。
❷ 将煮好的菜花放到干净的碗里,用小勺按压成泥即可。

营养小贴士

菜花中含有丰富的**维生素 C**、**维生素 K**、**硒**等多种具有生物活性的物质,可以帮宝宝提高免疫力和抗病能力,特别适合免疫力低下的宝宝食用。

香蕉牛油果

原料:
牛油果 50 克,
香蕉 50 克。

做法:
❶ 牛油果纵向切开,去掉果核,将果肉挖出来,用勺子将其捣烂。
❷ 剥一根香蕉,同样捣成泥。
❸ 将牛油果泥和香蕉泥混合在一起即可。

营养小贴士

牛油果含多种**维生素**、丰富的**脂肪酸**和**蛋白质**,其果肉质感比较光滑而且是奶油状的。它应该是最简单的自制婴儿辅食了,因为妈妈都不用把它煮熟,只要用勺子或搅拌机把果肉捣成泥就可以了。

8月龄食谱推荐

蛋黄米糊

原料：

熟鸡蛋黄 1/4 个，

婴儿配方米粉 50 克。

做法：

❶ 将熟鸡蛋黄压成泥。

❷ 婴儿配方米粉用温水调匀后与蛋黄泥混合即可。

营养小贴士

蛋黄富含优质蛋白质、卵磷脂、DHA 等多种营养素，为宝宝的神经系统和脑细胞的发育提供营养。

红薯糊

原料:

红薯 1 块
（约 50 克）。

做法:

❶ 红薯洗净，去皮，切成小块，放入碗中，同时加入适量清水，移入蒸锅，隔水蒸熟。

❷ 将蒸熟后的红薯取出，用勺子碾压成稀糊状。

营养小贴士

红薯含有丰富的 β – 胡萝卜素，同时富含多种维生素，口感甜润，宝宝很爱吃。也可将红薯糊与婴儿米粉混合成复合辅食喂养宝宝。

猪肉泥

原料：

猪瘦肉 30 克。

做法：

❶ 将猪瘦肉用水冲干净表面杂质，切成小块，放入搅拌机中打成肉泥，备用。

❷ 将打好的猪肉泥放入碗内，加少许清水，搅匀后移入蒸锅，中火隔水蒸至熟即可。

营养小贴士

猪瘦肉富含**蛋白质**。肉泥一定要搅打成蓉的感觉。宝宝适应后，也可以将肉泥加入婴儿配方米粉混合喂给宝宝。

豌豆泥

原料：

新鲜豌豆荚 50 克。

做法：

❶ 新鲜豌豆荚去皮，豌豆一粒一粒剥好备用。

❷ 剥好的豌豆放入碗中，移入蒸锅中，隔水蒸 8 分钟至熟软。

❸ 将蒸熟的豌豆用勺子压成有细小颗粒的糊即可。

营养小贴士

豌豆富含蛋白质、维生素 B_1、维生素 B_6 和胆碱、叶酸等，味道比大豆好，宝宝大多不会排斥。另外，豌豆对预防腹泻有一定的作用。

苹果梨子泥

原料:

苹果 1/2 个（约 50 克），
梨 1/2 个（约 50 克）。

做法:

❶ 将苹果、梨洗净后去皮、去核，切成小块。

❷ 把切好的苹果块、梨块放入搅拌机内，搅打成泥即可。

营养小贴士

果泥是一种富含**维生素**且易消化的食物。在制作果泥时，应当加点温水或纯净水，搅一搅后再给宝宝喂食。

鸡肝番茄泥

原料:

番茄 1/2 个
(约 50 克),
鸡肝一副。

做法:

❶ 鲜鸡肝在清水中洗净,最好在清水中浸泡 30 分钟,然后冲洗干净,去筋膜,切碎成末。

❷ 番茄洗净,在顶端划十字口,放入滚水中余烫后去皮。

❸ 将番茄切碎,捣成番茄泥。

❹ 把鸡肝末和番茄泥拌好,放入蒸锅中,隔水蒸 5 分钟,充分搅拌均匀即可。

营养小贴士

鸡肝含有丰富的**蛋白质、钙、磷、铁、锌、维生素 A、B 族维生素**等。肝中**铁**含量丰富,在补血食品中最常用,是宝宝补铁的好选择。

奶香红薯泥

原料:
红薯 50 克,
配方奶 50 毫升。

做法:
❶ 红薯削皮,蒸熟后放入架在碗上的滤网中,以汤匙压磨成泥。
❷ 在红薯泥中加入冲好的配方奶调匀即可。

营养小贴士

　　红薯中含有人体所必需的 8 种**氨基酸**之一,而且还能调节体内代谢平衡,能促进宝宝发育,增强免疫功能,对宝宝的身体健康和骨骼发育都有着重要的作用。

番茄拌蛋

原料：
鸡蛋 1 个，
番茄半个
（约 50 克）。

做法：
❶ 将鸡蛋煮熟后取出蛋黄半个，磨成泥。
❷ 番茄洗净，氽烫，去皮，捣成泥，加入蛋黄泥
中调匀即可。

营养小贴士

番茄含有丰富的 β–胡萝卜素、维生素 C 和 B 族维生素，而且其特有的酸酸甜甜的口味，一定会让宝宝大饱口福。再搭配熟蛋黄，也让营养更加分！

青菜面

原料：

龙须面 20 根，

高汤 1 碗，

青菜叶 3 片，

芝麻油适量。

做法：

① 龙须面掰碎（越碎越好），青菜叶洗干净切碎。

② 锅内放入高汤煮开，卜入面条。

③ 中火将面条煮烂，加入青菜末。

④ 再次沸腾即可关火，盖锅盖闷 5 分钟。

⑤ 加入芝麻油调味。

营养小贴士

骨头汤、肉汤、鸡汤、鱼汤等统称高汤，富含**锌、钙**，易于宝宝吸收。平时炖煮好的高汤可以分成小包放入冰箱，用的时候随时取用，很方便。

蛋黄银丝面

原料:

银丝面 30 克,
小白菜 10 克,
熟鸡蛋黄 1/2 个。

做法:

❶ 小白菜洗净后入沸水焯熟后切成末,熟鸡蛋黄碾成末。

❷ 银丝面掰成小段放入沸水锅中煮至软烂。

❸ 将煮好的面盛入碗中,加入小白菜末和熟鸡蛋黄末,再加少许面汤拌匀即可。

营养小贴士

这道辅食富含蛋白质、糖类、维生素和钙、铁、磷、钾、镁等矿物质。软软的面条易嚼,易消化,作为宝宝的辅食很适合。

9月龄食谱推荐

碎菜猪肉松粥

原料：

大米 30 克，

小油菜 1 棵，

猪肉松 5 克，

芝麻油 3 ~ 5 滴。

做法：

❶ 小油菜取嫩菜心，择洗干净后放入沸水锅中煮至熟软，捞起切成碎末备用。

❷ 大米和水以 1：5 的比例煮成稠粥，将小油菜末放入拌匀，滴入芝麻油即可。

❸ 吃的时候，在粥的表面撒上一层猪肉松即可。

营养小贴士

猪肉松属于高能量食品，**蛋白质、脂肪和糖类**含量丰富。猪肉松一般都被磨成了末状物，纤维很少，便于宝宝消化吸收。

三文鱼蔬菜面

原料:

儿童面条 20 克,

三文鱼 30 克,

绿色菜叶 10 克。

做法:

❶ 将菜叶洗净,切成细丝,在开水中烫熟后捞出,切碎,捣成泥。

❷ 三文鱼洗净,放入小碗中用蒸锅隔水蒸熟,捣成蓉备用。

❸ 将儿童面条掰成小段,放入沸水汤锅里,煮至熟软。

❹ 将三文鱼泥、菜叶泥加入煮好的面条中即可。

营养小贴士

　　三文鱼所含的 Ω-3 脂肪酸是脑部、视网膜及神经系统必不可少的物质,对增强宝宝的脑功能和保护视力具有一定作用。

香菇肉末蔬菜粥

原料：

大米50克，

猪瘦肉末30克，

香菇1朵，

芹菜10克，

胡萝卜10克。

做法：

❶ 香菇、芹菜、胡萝卜洗净后，焯水，沥干水分，均切成小碎末备用。

❷ 大米淘洗干净，在清水中浸泡30分钟备用。

❸ 锅内放入大米和适量清水，大火煮沸后，转小火煮10分钟，然后加入肉末。

❹ 待粥熟了，加入香菇、芹菜、胡萝卜碎末同煮8分钟即可。

营养小贴士

颜色丰富的蔬菜组合都可以尝试，不仅可以刺激宝宝的感官，让他逐渐觉得吃饭是愉快的体验，而且丰富的**维生素和矿物质**也可以满足宝宝生长所需。

红薯粥

原料：

大米50克，

红薯50克。

做法：

❶ 大米淘洗干净，在清水中浸泡30分钟。

❷ 将大米放入锅中，加入适量清水煮沸，转小火煮成米粥备用。

❸ 红薯洗净后，切成薄片，入蒸锅蒸熟后，去皮，而后碾成泥（保留一些颗粒）。

❹ 红薯泥拌在米粥里，搅拌均匀即可。

营养小贴士

红薯中的蛋白质组成比较合理，**氨基酸**含量较高。中医认为秋天适当吃些红薯能够预防秋燥。不过也要掌握好量，不可让宝宝多吃，否则容易胃胀。

双色段段面

原料：

儿童面条 20 克，

白菜叶 20 克，

胡萝卜 20 克。

做法：

❶ 白菜叶和胡萝卜分别洗净，放入沸水中煮熟。

❷ 将煮熟的白菜叶和胡萝卜剁碎成蓉。

❸ 将儿童面条掰成 2 厘米长的小段，放入沸水里煮至软熟。

❹ 煮好的面条盛入碗中，加入白菜蓉和胡萝卜蓉拌匀即可。

营养小贴士

选择儿童面条是因为相对于普通面条它的含盐量更低，而且添加了儿童发育需要的**维生素、矿物质**等。

什锦小软面

原料：

儿童面条 20 克，

生鸡蛋黄 1 个，

胡萝卜 20 克，

黑木耳 1 朵，

西蓝花 20 克。

做法：

❶ 黑木耳泡发，洗净后剁碎；胡萝卜洗净后去皮、剁碎；西蓝花洗净后也同样剁碎备用。

❷ 鸡蛋黄打散成蛋黄液。

❸ 小汤锅内倒入鸡汤或清水，大火煮沸后加入儿童面条，再次煮沸，放入所有蔬菜、黑木耳碎煮熟，最后洒上蛋黄液煮熟即可。

营养小贴士

儿童面条更容易煮烂，便于宝宝咀嚼、消化和吸收。而且儿童面条会根据宝宝的胃容量，科学定量分成束装，便于妈妈掌握宝宝每餐的需要用量。配料多样，使这道辅食所含营养更丰富。

鲜肝薯粥

原料：

大米 30 克，
土豆 20 克，
鸡肝 1 个。

做法：

❶ 鸡肝用水冲洗干净，放入小煮锅中煮熟，捞出（煮鸡肝的水留用），取 1/3 左右捣成泥状。

❷ 土豆清洗干净，放入小煮锅中煮至熟软，捞起，压成蓉。

❸ 大米淘洗干净后，加入煮鸡肝的水，大火煮开后转中小火，熬至米粒成糊状，加入鸡肝泥和土豆蓉，搅拌均匀关火，待温热后喂给宝宝吃。

营养小贴士

　　鸡肝中**维生素 A** 的含量远远超过奶、蛋、肉、鱼等食品，具有维持宝宝正常生长、促进生长发育的作用，还能保护视力。

红嘴绿鹦哥面

原料：

儿童面条 30 克，

番茄 30 克，

菠菜叶 10 克，

豆腐 30 克，

高汤 100 克。

做法：

❶ 将番茄洗净，用开水烫一下，去皮，切成碎末备用。将菠菜叶洗净，放入开水锅里焯两分钟，切成碎末备用。

❷ 将豆腐用开水焯一下，切成小块，用小勺碾压成泥。

❸ 锅内加入高汤，烧开后下入儿童面条，稍煮 2 分钟，倒入准备好的豆腐泥、番茄和菠菜碎末，煮至面条熟烂即可。

营养小贴士

番茄可以与多种食材搭配，营养更丰富。番茄中含有一定的**有机酸**，有利于调动宝宝的食欲，而且做成的辅食口味酸酸甜甜，宝宝也爱吃。

太阳蛋

原料：
鸡蛋1个，
胡萝卜30克。

做法：
❶ 鸡蛋磕开只取蛋黄，加入2倍量的凉开水打散调匀。胡萝卜去皮，切成碎末。
❷ 将盛有蛋液的碗移入蒸锅中，大火蒸2分钟。
❸ 将切好的胡萝卜碎按照太阳的形状铺在碗中的蛋面上，改中火继续蒸8分钟即可。

营养小贴士

鸡蛋是宝宝摄取**优质蛋白质**、**维生素A**、**锌**等营养素的良好食物来源，宝宝对熟蛋黄接受良好以后，可以做成蒸蛋给宝宝尝试。这个阶段可以每天给宝宝吃一个鸡蛋黄。

银鱼肝泥蛋羹

原料：
鸡蛋1个，
鸡肝1块
（约20克），
银鱼10克。

做法：
❶ 将鸡蛋磕开只取蛋黄，加入2倍量的凉开水打散备用。
❷ 鸡肝处理干净，放入开水锅中焯水，晾凉后剁碎成泥状；银鱼洗净，焯水后剁碎。
❸ 将鸡肝泥和银鱼末放入盛蛋黄液的碗中，用筷子搅匀，盖上保鲜膜放入锅中蒸熟即可。

营养小贴士

动物肝脏的**维生素A**含量远高于其他食材，并含有大量的**铁、锌、硒**等多种矿物质。鸡肝体积小，口感细腻，宝宝吃了既养眼护脑，又能增强体质。

山药鸡蓉粥

原料：

大米 30 克，

山药 30 克，

鸡胸脯肉 10 克。

做法：

❶ 将大米淘净，加水泡 2 小时左右。

❷ 将鸡胸脯肉洗净，剁成极细的蓉，放到锅里蒸熟。

❸ 将山药去皮洗净，放入沸水锅里余烫一下，切成碎末备用。

❹ 将大米和水一起倒入锅里，加入山药末和鸡蓉煮成稠粥即可。

营养小贴士

山药含有**钙**、**磷**、**糖类**、**维生素**及**皂苷**等，有健脾、补肺、固肾的辅助滋养功效，对平时脾胃虚弱、免疫力低下的宝宝适用。

肉末软饭

原料：

大米 50 克，

猪瘦肉末 30 克，

芹菜 30 克，

花生油适量。

做法：

❶ 将大米浸泡 30 分钟后淘洗干净，放入电饭煲中，米和水的比例为 1∶1.5，煮成软米饭。

❷ 将芹菜洗净，切成末。

❸ 将花生油倒入锅内烧热，放入肉末炒散，加入芹菜末煸炒至断生，放入软米饭，混合后稍焖一下，焖软出锅即可。

营养小贴士

大米可提供丰富 B 族维生素，其所含蛋白质主要为**米精蛋白**，易于消化吸收。

10 月龄食谱推荐

奶香牛油果蛋黄磨牙棒

原料：

全麦面包 1 片，

熟鸡蛋黄 1 个，

酸奶 10 克，

牛油果 1/2 个

（约 50 克）。

做法：

❶ 牛油果纵向切开，去掉果核，挖出果肉。

❷ 将全麦面包片切成条状。

❸ 将牛油果果肉、熟鸡蛋黄和酸奶一起碾压至呈顺滑状。吃的时候让宝宝自己握着面包条蘸牛油果蛋黄酱即可。

营养小贴士

牛油果含有多种维生素、丰富的脂肪和蛋白质，钠、钾、镁、钙等含量也高，这些营养成分对宝宝的眼睛很有益。

香蕉胡萝卜玉米羹

原料:
玉米面 50 克,
香蕉 30 克,
熟鸡蛋黄 1/2 个,
胡萝卜 30 克。

做法:
❶ 将胡萝卜洗净,切成小块,用榨汁机榨出胡萝卜汁;玉米面用凉开水调成稀糊备用。
❷ 将熟鸡蛋黄捣成蛋黄泥;香蕉去皮,捣成泥。
❸ 锅内加适量水烧开后,倒入玉米糊,改用小火煮,边煮边搅拌。
❹ 闻到玉米香味时加入蛋黄泥和香蕉泥,倒入准备好的胡萝卜汁,再煮 2 分钟左右,熄火晾凉即可。

营养小贴士

玉米面中含有丰富的**膳食纤维**,能刺激胃肠蠕动,加速排便,可有效预防及缓解宝宝便秘。

银鳕鱼粥

原料：

大米 30 克，

青豆 20 克，

银鳕鱼 30 克，

牛奶 20 克。

做法：

❶ 银鳕鱼洗净切丁；青豆捣碎备用。

❷ 锅内放入适量清水，放入大米和青豆同煮；水沸腾后放入银鳕鱼，转小火熬成稠粥。

❸ 将粥放至稍凉后，倒入冲调好的配方奶搅匀即可。

营养小贴士

银鳕鱼含有较丰富的锌和**蛋白质、不饱和脂肪酸及维生素**，宝宝常吃可以促进生长发育。

西蓝花鸡肉烩

原料：

鸡肉 30 克，

西蓝花 50 克。

做法：

❶ 西蓝花洗净后掰成小朵。

❷ 鸡肉洗净后去掉筋膜，剁成鸡肉蓉。

❸ 将西蓝花和鸡肉蓉混合拌匀后，入蒸锅用大火隔水蒸熟即可。

营养小贴士

　　西蓝花的**维生素 C** 含量极高，不但有利于宝宝的生长发育，更重要的是能提高宝宝的免疫功能，促进肝脏解毒，增强体质，提高抗病能力。

鸡肉粥

原料：

米饭 30 克，

鸡胸脯肉 15 克，

菠菜 15 克，

海带清汤 100 克，

酱油、白糖少许。

做法：

❶ 将鸡胸脯肉去筋，切成小块，用酱油和白糖腌一下。

❷ 将菠菜焯熟并切碎。

❸ 米饭用海带清汤煮一下，再放入菠菜碎、鸡肉块同煮至熟即可。

营养小贴士

　　这道辅食含有丰富的**蛋白质、脂肪、钙、铁、碘**及**维生素**等营养素，易消化，营养价值高。

豆腐软饭

原料：

软米饭50克，
豆腐30克，
青菜20克，
高汤适量。

做法：

❶ 将青菜洗净、切碎；豆腐放入沸水中焯一下，切成小块。

❷ 将高汤放入锅中，烧开，倒入软米饭。

❸ 开锅后加豆腐块和青菜碎，稍煮即可。

营养小贴士

软米饭含有丰富的**糖类**，能够为宝宝提供能量，在辅食添加后期是很重要的。它软硬适中，能很好地训练宝宝的咀嚼能力，并且是宝宝从米粥到成人饮食的过渡主食。

番茄肉末蛋羹烩饭

原料：

软米饭 50 克，

猪肉 30 克，

鸡蛋 1 个，

番茄 30 克，

高汤、花生油各适量。

做法：

❶ 将番茄洗净后去皮，切碎；猪肉剁成肉末；鸡蛋磕入碗中打成蛋液。

❷ 锅中放花生油烧热，放入肉末、番茄炒香，加入高汤烧沸，倒入蛋液搅匀煮熟。

❸ 将锅中食材浇在热腾腾的软米饭上，拌匀即可。

营养小贴士

熟番茄营养价值较生番茄高，因为加热的番茄中**番茄红素**和其他**抗氧化剂**明显增多，对有害的自由基有抑制作用。

南瓜四喜汤面

原料：

儿童面条 30 克，

肉末 25 克，

南瓜 20 克，

胡萝卜 20 克，

莴笋 20 克。

做法：

❶ 南瓜、胡萝卜和莴笋分别洗净，去皮，切丁备用。

❷ 锅中加水，放入肉末，大火煮沸，再把南瓜丁、胡萝卜丁、莴笋丁放入汤中，继续用大火煮沸。

❸ 汤煮沸后放入掰成小段的面条，所有食材煮熟煮烂即可。

营养小贴士

南瓜可以给宝宝提供丰富的**维生素 A、维生素 E** 等，不仅可增强机体的免疫力，还对改善秋燥症状大有好处。

三文鱼菜花

原料：
三文鱼 30 克，
菜花 30 克。

做法：
❶ 菜花掰开成小朵，洗净，放入沸水中煮软后切碎。
❷ 三文鱼洗净，放入蒸锅隔水蒸熟，取出捣碎备用。
❸ 将三文鱼碎放在菜花碎上，拌匀即可。

营养小贴士

　　三文鱼中的鱼油富含**维生素** D 等，能有效地提高机体对钙、磷等多种元素的吸收利用，有助于宝宝的生长发育。菜花的**维生素** C 含量极高，有利于提高宝宝的免疫力。这两样搭配起来吃营养更加丰富。

红枣软饭

原料：
大米 50 克，
红枣 3 枚，
婴儿配方奶适量。

做法：
❶ 红枣洗净，上笼蒸熟后，去皮、核，碾成泥。
❷ 将大米浸泡 30 分钟后，淘洗干净，放入电饭煲中，加入配方奶（配方奶的量与米的比例为 1.5：1），煮成软米饭。
❸ 软米饭中拌入枣泥，再焖 2～3 分钟即可。

营养小贴士

　　红枣中含有**糖类**、**蛋白质**、**脂肪**、**有机酸**等，对宝宝的大脑有补益作用。红枣在制作时一定要记得去皮，去皮后再剁成泥。宝宝还不能吞咽红枣皮，会有卡喉的危险，故而提醒妈妈注意。

11 月龄食谱推荐

核桃红枣羹

原料：

营养米粉 40 克，

核桃仁 2 块，

红枣 6 枚。

做法：

❶ 将核桃仁、红枣用清水洗净，放入锅中蒸熟。

❷ 将蒸熟的红枣去皮、去核，与蒸熟的核桃一起碾成糊状，可保留细小颗粒。

❸ 将营养米粉用温水调成糊，加入核桃红枣泥一起搅拌均匀。

营养小贴士

核桃仁含有较多的**蛋白质**及人体营养必需的**不饱和脂肪酸**，这些成分皆为大脑组织细胞代谢的重要物质，能滋养脑细胞，对宝宝大脑健康发育很有好处。

双色薯糕

原料：

紫薯 50 克，
红薯各 50 克。

做法：

❶ 红薯和紫薯去掉外皮，在清水中洗净，切成小块。

❷ 将红薯块和紫薯块放入蒸锅中蒸熟。

❸ 用勺背将蒸熟的红薯块和紫薯块分别压成泥状，再分别团成薯饼。

❹ 用饼干模具在薯饼上刻出可爱的造型即可。

营养小贴士

薯类的**膳食纤维**含量较高，膳食纤维可以促进肠胃蠕动，清理肠腔内滞留的黏液、积气和腐败物，对消化系统有极大好处。薯类食物吃多了容易胀气，宝宝也要适量吃。

肉末芦笋豆腐

原料：

北豆腐 50 克，

肉末 30 克，

芦笋 1 棵

（约 30 克）。

做法：

❶芦笋削去根部老硬部分，洗净后切成碎粒备用。

❷北豆腐洗净后切成小块，与芦笋碎和肉末混合，隔水大火蒸熟即可。

营养小贴士

芦笋含有丰富的维生素 B、维生素 A 以及叶酸、硒、铁、锰、锌等微量元素，平时适量吃一些芦笋，可以有效地促进宝宝身体营养平衡，进而有助于改善免疫力。豆腐与芦笋搭配，营养味美。

猪血菜肉粥

原料：

米粉 30 克，

猪瘦肉 20 克，

猪血 20 克，

油菜叶 5 克。

做法：

❶猪瘦肉洗净，用刀剁成极细的蓉；猪血洗净，切成碎末备用；油菜洗干净，放入开水锅里焯一下，捞出剁成碎末。

❷将米粉用温开水调成糊状，倒入肉末、猪血、油菜末搅拌均匀。

❸把所有材料一起倒入锅里，再加入少量的清水，边煮边搅拌，用大火煮 10 分钟左右即可。

营养小贴士

动物血液中的铁的利用率较高，对预防儿童缺铁性贫血有一定效果。每周吃一次即可。

双色蔬菜鸡蛋羹

原料：

鸡蛋1个，

油菜30克，

胡萝卜15克，

高汤适量，

芝麻油适量。

做法：

❶ 油菜取嫩叶片洗净，切碎备用。

❷ 胡萝卜洗净后去皮，切成大块，放入沸水中焯熟，捞出放凉后切成丁。

❸ 鸡蛋打散，加入高汤和油菜碎，用盐调味。

❹ 将混匀的蛋液放入锅中蒸熟后取出，并将备好的胡萝卜丁放于鸡蛋羹上，淋入少许芝麻油即可。

营养小贴士

这道菜品中所含的**矿物质**能够促进宝宝骨骼的发育，加速新陈代谢和增强机体的造血功能；**胡萝卜素、烟酸**等营养成分，也是维持生命活动的重要物质。

南瓜布丁

原料：

生鸡蛋黄 1 个，

南瓜 150 克，

配方奶 50 毫升。

做法：

❶ 把南瓜洗净后去皮切块，入蒸锅蒸熟；生鸡蛋黄打散备用。

❷ 蒸好后的南瓜去掉南瓜瓤，取出南瓜肉，用勺子压成泥。

❸ 将南瓜泥和鸡蛋液混合在一起，加入冲好的配方奶。

❹ 将混合物放入蒸锅中隔水蒸 8 ~ 12 分钟即可。

营养小贴士

　　这道辅食含有丰富的**维生素 A 和维生素 E**，对改善宝宝因秋天干燥而出现的嘴唇干裂、鼻腔流血及皮肤干燥等症状大有好处。

番茄土豆鸡肉粥

原料：

大米 50 克，

鸡胸脯肉 30 克，

番茄 40 克，

土豆 25 克，

花生油适量。

做法：

❶ 大米洗净后用冷水泡 2 小时；鸡胸脯肉剁成末。

❷ 土豆洗净煮熟后去皮切成小丁；番茄洗净后用开水烫一下，去皮去蒂切成小丁。

❸ 炒锅加热后放入花生油，将鸡肉末倒入锅中煸熟后推向一侧，放入番茄丁煸炒至熟后，将两者混在一起。

❹ 将大米放入锅中加水，用旺火烧开后改用小火熬成粥，然后加入煸炒好的鸡肉末、番茄丁和土豆丁继续用小火熬 5 ~ 10 分钟，熬至粥香外溢即可。

营养小贴士

番茄富含的 β – 胡萝卜素是脂溶性维生素，搭配肉类吃，在有油脂的情况下更有利于吸收。这道粥组合了多种食材，营养更均衡。

扁豆香菇豆腐饭

原料：

软米饭 50 克，

扁豆 30 克，

香菇 2 朵，

北豆腐 30 克，

花生油适量。

做法：

① 扁豆摘去头尾和两侧的筋，洗净后切成薄片或碎末。

② 香菇洗净后，去蒂，切成碎末。

③ 将扁豆碎和香菇末上锅蒸 15 分钟；北豆腐在汤锅中煮熟后捞出。

④ 锅里倒入花生油烧热，放入北豆腐翻炒并压碎。

⑤ 倒入蒸好的扁豆碎和香菇末搅拌翻炒，再加入软米饭拌匀即可。

营养小贴士

　　扁豆的营养成分相当丰富，扁豆衣的 B 族维生素含量特别高。扁豆适合单纯性消化不良的宝宝食用。

虾仁金针菇面

原料：

儿童面条 50 克，

金针菇 50 克，

虾仁 20 克，

菠菜 2 棵，

花生油适量，

高汤适量。

做法：

① 将虾仁洗干净，煮熟，剁成碎末。

② 将菠菜洗干净，放入开水锅中焯 2 ~ 3 分钟，捞出沥干水，切成碎末备用。

③ 将金针菇洗干净，放入开水锅中焯一下捞出，切成 1 厘米左右的小段备用。

④ 锅内加入花生油，待油八成热时，下入金针菇段，翻炒均匀。

⑤ 加入高汤，放入虾仁末和菠菜末，煮开，下入儿童面条，煮至汤稠面软，即可出锅。

营养小贴士

　　金针菇中赖氨酸和精氨酸含量尤其丰富，且含锌量比较高，对增强智力尤其是对儿童的身高和智力发育有良好的作用，人称"增智菇"。

蛋黄豆腐

原料：
熟鸡蛋黄 1 个，
豆腐 50 克，
油菜叶 1 片。

做法：

❶ 将豆腐在水中焯后放入碗内，捣烂成泥。

❷ 油菜叶焯后切碎，放入豆腐泥中，搅拌均匀捏成方块形。

❸ 将熟鸡蛋黄碾碎后，均匀地撒在豆腐的表面，中火蒸10 分钟即成。

营养小贴士

鸡蛋黄含有宝宝大脑和神经系统发育必需的 DHA、胆碱、卵磷脂及多种微量元素，是宝宝在母乳外的重要营养食物。豆腐中蛋白质、钙、铁等营养素丰富，是宝宝辅食的好选择。

双色虾肉菜花

原料：

大虾 2 只，

菜花 20 克，

西蓝花 20 克。

做法：

1. 将菜花、西蓝花分别洗净，放入沸水中煮软后捞出，切碎。
2. 大虾洗净，去壳，去除沙线，放入沸水中煮熟，切碎。
3. 将熟虾仁碎与切好的双色菜花碎拌匀即可。

营养小贴士

菜花和西蓝花中维生素 C 含量丰富，且膳食纤维含量较高，适合宝宝食用。

第 二 章

1～2岁宝宝的喂养

感知各种味道,
家庭饮食初体验

喂养知识问答

1~2岁宝宝如何喂养？

满1岁的宝宝已经大致尝试过了各种家庭日常食物，这一阶段主要是学习自主进食，也就是要学会自己吃饭，并逐渐适应家庭的日常饮食。宝宝在满1岁后应与家人一起进餐，在继续提供辅食的同时，鼓励宝宝尝试家庭食物，并逐渐过渡到与家人一起进食家庭食物。

随着宝宝自我意识的增强，应鼓励宝宝自主进食。满1岁的宝宝能用小勺舀起食物，但大多散落，宝宝1岁半时能吃到大约一半的食物，而到满2岁时能比较熟练地用小勺自喂，少有散落。

1~2岁宝宝一日膳食如何安排？

1~2岁的宝宝应与家人一起进食一日三餐，并在早餐和午餐、午餐和晚餐之间，以及临睡前各安排一次点心。

1~2岁的宝宝每天仍保持食入约500毫升的奶量，不能母乳喂养或母乳不足时，仍然建议以合适的幼儿配方奶作为补充，可引入少量鲜牛奶、酸奶、奶酪等，作为幼儿辅食的一部分。每天1个鸡蛋加50~75克畜禽鱼肉；软饭、面条、馒头、强化铁的婴儿米粉等谷物类50~100克；蔬菜、水果的量仍然以幼儿需要而定，继续尝试不同种类的蔬菜和水果，尝试啃咬水果片或煮熟的大块蔬菜，增加进食量。

1～2岁宝宝一日膳食大致可安排如下：

早晨 7 点	母乳或配方奶，加婴儿米粉或其他辅食，尝试家庭早餐
上午 10 点	母乳或配方奶，加水果或其他点心
中午 12 点	各种辅食，鼓励幼儿尝试成人的饭菜，鼓励幼儿自己进食
下午 3 点	母乳或配方奶，加水果或其他点心
下午 6 点	各种辅食，鼓励幼儿尝试成人的饭菜，鼓励幼儿自己进食
晚上 9 点	母乳或配方奶

哪些食物适合 1 ~ 2 岁宝宝？

添加辅食的最终目的是让宝宝逐渐转变为成人的饮食模式，因此应鼓励 1 ~ 2 岁的宝宝尝试家庭食物，并在满 2 岁后与家人一起进食。当然，并不是所有的家庭食物都适合这个年龄阶段的宝宝，如经过腌、熏、卤制，重油、甜腻，以及辛辣刺激的高盐、高糖、刺激性的重口味食物均不适合。适合宝宝的家庭食物应该是少盐、少糖、少刺激的淡口味食物，并且最好是家庭自制的食物。

怎样避免宝宝挑食偏食？

1 ~ 2 岁的宝宝处于培养良好饮食行为和习惯的关键阶段，挑食、偏食是常见的不良饮食习惯。家长良好的饮食行为对宝宝具有重要影响，建议家长应以身作则、言传身教，并与宝宝一起进食，起到良好榜样作用，帮助宝宝从小养成不挑食、不偏食的良好习惯。

应鼓励宝宝选择多种食物，引导其多选择健康食物。对于宝宝不喜欢吃的食物，可通过变更烹调方法或盛放容器（如将蔬菜切碎，将瘦肉剁碎，将多种食物制作成包子或饺子等），也可采用重复小分量供应，鼓励尝试并及时给予表扬，不可强迫喂食。此外，家长还应避免以食物作为奖励或惩罚的措施。

主食食谱推荐

菊花卷

原料：

发酵面团120克，
方火腿30克，
蛋皮1张，
花生油适量。

做法：

① 将方火腿、蛋皮分别切成末。

② 将发酵面团擀成长方形薄片，将薄片的一半刷油，撒上火腿末，向中间卷成条状。

③ 将面片反过来，在另一半面片上刷油，撒上蛋皮末，向中间卷成双卷。

④ 将双卷切片，厚度约1厘米，断面向上，用筷子夹成4只圆卷，在4只圆卷上各切至圆心，拨开卷层，即成菊花卷生坯。

⑤ 待生坯饧好，上笼用旺火蒸熟即可。

营养小贴士

火腿内含丰富的**蛋白质**和适度的**脂肪**，以及多种**氨基酸**、多种**维生素**和**矿物质**。火腿制作经冬历夏，经过发酵分解，各种营养成分更易被人体所吸收。

孜然馒头丁

原料：

馒头 1 个，

鸡蛋 1 个，

孜然粉、白芝麻、

葱花、盐各适量，

白糖少许。

做法：

❶ 馒头切成丁状；将鸡蛋打散后倒入馒头丁中，拌匀后，静置 15 分钟。

❷ 炒锅中放入少许油，将馒头丁放入，小火煎至两面金黄。

❸ 加入孜然粉，调入适量盐，翻炒均匀。加入白芝麻，炒匀，再加少许白糖提味。

❹ 最后撒入葱花，略炒片刻即可。

营养小贴士

孜然口感风味极为独特，气味芳香而浓烈，含有挥发油和脂肪酸，具有醒脑通脉，降火平肝等功效。制作时，一定要用小火，这样鸡蛋会是金黄色，火大了容易焦。

虾皮碎菜包

原料：

自发面粉 200 克，
虾皮 10 克，
小白菜 100 克，
鸡蛋 2 个，
盐适量，
芝麻油少许。

做法：

❶ 自发面粉放入大碗中，加入适量温水和成面团，加盖饧 15 分钟。将面团搓成条状，切成 12 份，再擀成包子皮。

❷ 虾皮洗净，切碎。鸡蛋在碗中打散。锅中油烧热，将蛋液倒入炒熟，放凉，切碎。小白菜洗净，用沸水烫一下，切成末。将馅料盛入碗中，调入盐、芝麻油，制成包子馅。

❸ 将馅料包入面皮中，制成 10 个小包子，上蒸锅蒸 15 分钟至熟即成。

营养小贴士

　　虾皮的**蛋白质**含量很高，**铁、钙、磷**的含量也很丰富。购买时要选择更适合宝宝食用新鲜优质虾皮，以免亚硝胺超标，对宝宝不利。

萝卜素蒸包

原料：

面粉 150 克，
萝卜 200 克，
洋葱 50 克，
粉丝 15 克，
鸡蛋 2 个，
芝麻油、花生油、
盐、姜末各适量。

做法：

❶ 面粉加适量温水揉成面团，盖上保鲜膜饧至面团松弛。

❷ 萝卜清洗干净，擦成丝。锅中烧开水，将萝卜丝和粉丝各焯煮 2 分钟，捞出过凉后切碎。洋葱切碎。鸡蛋打散。

❸ 炒锅放花生油烧热，倒入洋葱碎，小火炒至透明，调入适量盐，倒入蛋液炒碎，关火放凉。粉丝碎、萝卜碎、洋葱蛋碎放入盆里，调入姜末、盐和芝麻油，拌匀成馅。

❹ 取出面团搓成长条，切成小剂子，擀开，包入萝卜馅，上蒸锅蒸 15 分钟至熟即可。

营养小贴士

　　这道辅食富含**糖类、蛋白质、脂肪**，为机体提供丰富的营养物质。包子可以稍做小一点，让宝宝抓捏着吃。

摊莜麦蛋饼

原料:

莜麦面150克,

鸡蛋1个,

韭菜100克,

花生油适量。

做法:

❶ 鸡蛋打入碗内,搅散。韭菜洗净,切末。

❷ 将蛋液、韭菜末和适量水倒入莜麦面中搅匀。

❸ 平底锅加少量花生油烧热,用勺盛莜麦面糊倒入锅中,摊成饼形,煎至两面金黄即可。

营养小贴士

　　莜麦面的营养价值很高,富含**蛋白质**和脂肪,且蛋白质中**主要氨基酸**含量多而全面。莜面较普通面粉不容易消化,所以一次不要食用太多。

胡萝卜软饼

原料：

面粉100克，

胡萝卜50克，

鸡蛋2个，

盐0.5克，

花生油适量。

做法：

① 将胡萝卜洗净，擦成丝；鸡蛋打散。

② 在面粉中加入适量清水、盐、胡萝卜丝和蛋液搅成稀糊状。

③ 平底锅中加少量花生油，舀入一勺面糊，摊成软饼，两面煎熟即成。

营养小贴士

胡萝卜含有植物纤维，吸水性强，在肠道中体积容易膨胀，可加强肠道的蠕动。

面糊的稠度直接决定了饼的松软度和厚度，给宝宝做辅食面糊可以稍微稀一些。

三文鱼土豆蛋饼

原料：

三文鱼 50 克，

土豆 50 克，

熟鸡蛋黄 1 个。

做法：

❶ 三文鱼洗净，切块；土豆去皮，洗净后切块。

❷ 把三文鱼块和土豆块入蒸锅隔水蒸熟。

❸ 蒸熟的三文鱼块和土豆块混合捏碎，加入捏碎的熟鸡蛋黄搅拌均匀，取适量混合好的食材，团成小饼坯。

❹ 制好的小饼坯放入平底锅中，煎至两面金黄即可。

营养小贴士

三文鱼含有大量**优质蛋白质和 Ω-3 系列不饱和脂肪酸**，以及 DHA 和 EPA，对儿童脑神经细胞发育和视觉发育起到至关重要的影响。

蔬菜鸡蛋饼

原料：

鸡蛋1个，

菜心20克，

鲜香菇1/2朵，

胡萝卜20克，

花生油少许。

做法：

❶ 菜心、胡萝卜、鲜香菇放入沸水中焯熟，均捞出沥干水分，切碎末。

❷ 鸡蛋黄打散后倒入焯熟的蔬菜碎末中，搅拌混合。

❸ 在锅中加入一点橄榄油，倒入蛋黄蔬菜液，摊成鸡蛋饼即可。

营养小贴士

香菇属于**高蛋白低脂肪**的菌类食物，它所含的**多糖**可以提高机体免疫功能。可将鲜香菇放入盐水中浸泡几分钟，会更容易清洗。这款蔬菜小饼用料丰富，能给宝宝提供更多营养。

紫菜馄饨

原料：

速冻小馄饨 10 个，

紫菜 5 克，

小虾皮 5 克，

红甜椒少许，

香葱碎少许，

姜末、芝麻油、

盐、香醋各适量。

做法：

❶ 将紫菜用开水烫一下，沥去水分；红甜椒切成细丝。

❷ 大火烧开小煮锅中的水，放入小馄饨煮熟，捞出。

❸ 将煮熟的小馄饨、烫好的紫菜、小虾皮、红甜椒丝、香葱碎、姜末、盐放入碗中，加入煮馄饨的汤，然后再加香醋和芝麻油即可。

营养小贴士

馄饨皮薄，宝宝容易咀嚼吞咽。这道辅食所配的紫菜、虾皮和红甜椒富含蛋白质、维生素和矿物质，为宝宝提供丰富营养。

番茄鸡蛋饺子

原料：

饺子皮20张，
番茄2个，
鸡蛋3个，
淀粉、盐各适量。

做法：

❶ 番茄表皮轻划"十"字，放入沸水中焯30秒取出，剥去外皮，挖出里面的软芯（做馅的时候，软芯会出水，不易包）切小丁，用纱布包起来，挤出水分后待用。

❷ 鸡蛋打入碗中，加少许淀粉（可使炒鸡蛋更蓬松）和盐，打散。

❸ 炒锅中倒花生油，烧至六成热时倒入鸡蛋液，迅速划散，炒成碎蛋花，盛出。

❹ 将番茄丁与蛋花混合，调入盐拌匀，饺子馅即完成。

❺ 按常法包完饺子再煮熟即可。

营养小贴士

这道辅食营养价值丰富，具有营养素互补的特点。制作时，如果怕西红柿出水太多，可以把切过的西红柿用一些干淀粉轻轻拌一下。

花样面片

原料:

小馄饨皮 4 张,

青菜 50 克,

熟鸡蛋黄 1 个,

鸡汤 200 克,

盐少许。

做法:

❶ 将小馄饨皮撕成小块。

❷ 青菜洗净,去根,切成碎末;熟鸡蛋黄碾碎。

❸ 小汤锅内倒入鸡汤,大火煮沸后加入撕碎的面片,再次煮沸,随后放入青菜碎煮熟,撒上熟鸡蛋黄碎,加少许盐调味即可。

营养小贴士

宝宝都喜欢有趣的造型,饮食上同样也是,所以如果有条件的话,妈妈可以用模具将面片刻出不同花形,配上绿色的青菜和黄色的蛋黄,这道辅食好看又营养全面。

番茄肉酱面

原料:

宽面条 50 克,

猪后腿肉 50 克,

番茄 1 个,

花生油适量,

盐适量。

做法:

❶ 猪后腿肉洗净后切碎;番茄洗净后去皮,切碎。

❷ 锅内放花生油烧热,放入肉碎炒香,加番茄碎一起炒匀,加盐调味。

❸ 面条在小汤锅中煮熟捞出,拌入炒好的番茄肉碎酱即可。

营养小贴士

这道辅食制作方法简单,富含**蛋白质**、**番茄红素**,味道浓郁,却没有多余调料,都是食材和食材本味间的互相调动。制作时,也可以加上一些宝宝奶酪,充满奶香味,宝宝更爱吃。

菠菜银鱼面

原料：

儿童面条 50 克，

菠菜 25 克，

鸡蛋 1 个，

小银鱼 15 克，

盐少许。

做法：

❶ 将菠菜洗净，放入沸水中焯烫，捞出切成 2 ~ 3 厘米的小段。小银鱼洗净。鸡蛋在碗中打散，备用。

❷ 将儿童面条、菠菜段和小银鱼一同放入开水锅中煮熟。

❸ 将蛋液缓缓倒入沸腾的锅中，继续煮 2 分钟至面条软烂，加少许盐即可。

营养小贴士

菠菜富含 β - 胡萝卜素和 B 族维生素。为避免菠菜中的草酸影响对钙的吸收，制作时菠菜一定要提前焯烫以去除草酸。这道辅食里面有蛋白质、维生素和宝宝所需的糖类，营养搭配很丰富。

三鲜面

原料：

儿童面条 50 克，

小白菜 20 克，

虾仁 20 克，

鱼片 20 克，

姜末、盐各少许。

做法：

❶ 虾仁、鱼片洗净后，放到碗内，加姜末腌 10 分钟；小白菜洗净，切段。

❷ 锅内倒入水煮开后，下入儿童面条和虾仁、鱼片，煮滚后，下入小白菜段，再略煮一会儿，加盐调味即可。

营养小贴士

虾仁和鱼肉都含有比较丰富的**蛋白质和维生素 A、铁、钙、磷**等营养物质，搭配富含膳食纤维的小白菜，这道辅食营养全面，味美鲜甜。

五彩拌面

原料：

细挂面 100 克，
番茄 1 个，
肉馅 25 克，
西蓝花 25 克，
胡萝卜碎 15 克，
玉米粒 15 克，
葱姜末、盐、
花生油各适量。

做法：

1 番茄洗净烫去外皮切小丁。西蓝花洗净掰成小朵，与胡萝卜碎、玉米粒放入沸水中焯一下，捞出沥干。

2 细挂面放入沸水中煮熟，捞出过凉开水沥干备用。

3 煮面的同时将炒锅烧热放花生油，爆香葱姜末，放肉馅炒熟、炒散，下番茄丁翻炒出酱汁，放入西蓝花、胡萝卜碎、玉米粒煮熟，放盐调味后，将酱料浇在挂面上拌匀即可。

营养小贴士

　　五彩拌面色彩鲜艳，搭配了多种食材，包括谷类、蔬菜、肉类等，营养全面。

番茄通心粉

原料：

通心粉 100 克，

番茄、土豆各 50 克，

豆腐、肉馅、番茄酱 30 克，

青豆 20 克，

胡萝卜丁 10 克，

糖 2 克，盐 0.5 克，

花生油适量。

做法：

❶ 通心粉、青豆放入沸水中煮熟备用。

❷ 番茄、土豆分别洗净切小丁；豆腐切丁。

❸ 炒锅放花生油烧热，加入肉馅炒香后，再加入番茄丁、土豆丁、胡萝卜丁及少许水，焖至将熟时加入豆腐丁、糖和少许盐后熄火。

❹ 将炒好的番茄酱料淋在通心粉、青豆上即可。

营养小贴士

通心粉的主要营养成分有**蛋白质、糖类**等，其营养成分随辅料的品种和配比而异。通心粉易于消化吸收，有增强免疫力、平衡营养吸收等功效。

肉丁蛋炒饭

原料：

米饭 50 克，

卤肉 30 克，

鸡蛋 1 个，

小葱 1 根，

盐 0.5 克，

白胡椒粉 0.5 克，

花生油适量。

做法：

❶ 将卤肉切成丁；鸡蛋打散成蛋液；小葱切葱花。

❷ 炒锅放花生油烧热，先放入卤肉丁炒香，再倒入蛋液，快速炒散至蛋半熟。

❸ 放入饭及调味料，炒散炒热，最后撒上葱花，快炒一下即可。

营养小贴士

　　卤制调味品大多具有开胃健脾、消食化滞等功效。所以使用卤制原料，除了满足宝宝对蛋白质及维生素等的需求外，还能达到开胃、增加食欲的目的。

圆生菜炒饭

原料：

米饭 50 克，

圆生菜 1 片（约 30 克），

五花肉丝 20 克，

彩椒丁、葱花各 10 克，

盐、白胡椒粉各 0.5 克，

花生油适量。

做法：

❶ 圆生菜洗净，切小丁状。

❷ 锅中加花生油烧热，先炒熟肉丝，再放入圆生菜炒至回软。

❸ 再加入饭及彩椒丁，一起拌炒至松散，加入调味料，稍微拌匀后，撒上葱花即成。

营养小贴士

　　圆生菜含有蛋白质、糖类、维生素和丰富的矿物质，风味别致，无论生吃、炒食都具有较好味道，且易被接受。

油菜玉米粥

原料：

玉米面50克，
油菜50克，
盐少许。

做法：

① 油菜择洗干净，放入沸水中焯烫，捞出，切成末。

② 用温开水将玉米面搅拌成浆，加入油菜末拌匀。

③ 小汤锅倒入清水煮沸，加入拌好的玉米浆和油菜末，大火煮沸，转小火煮至黏稠，加盐调味即可。

营养小贴士

　　油菜含有大量 β - **胡萝卜素**和**维生素C**，有助于增强机体免疫能力。油菜的含钙量在绿叶蔬菜中较高。1岁多的宝宝咀嚼能力增强，可在粥中加入一些甜玉米粒。

黑木耳番茄香粥

原料:

大米50克，

黑木耳20克，

火腿20克，

番茄50克，

鸡蛋1个。

做法:

① 黑木耳用温水浸泡2小时，去蒂冲洗干净，切成细丝；火腿切丁；番茄洗净，去皮后切成小丁；大米放在水里浸泡1个小时。

② 砂锅中倒入大米和水，大火煮开后改成小火，加入番茄熬煮20分钟，然后倒入黑木耳、火腿丁继续熬煮10分钟，最后把鸡蛋打散后倒入锅中稍加搅拌，待蛋液凝固后关火。

营养小贴士

黑木耳中蛋白质、维生素和铁的含量很高。黑木耳脆嫩的口感和番茄酸酸甜甜的味道，让这道辅食更加分。

胡萝卜南瓜粥

原料:

胡萝卜丁 20 克,

南瓜丁 20 克,

水 100 克,

大米粥半碗。

做法:

❶ 胡萝卜丁和南瓜丁加入半杯水,放入电磁炉加热约 90 秒。

❷ 将变软后的混合物压碎,放入碗中,再加入半碗大米粥搅拌。

营养小贴士

胡萝卜和南瓜富含 β – **胡萝卜素**,可在体内转化为**维生素 A**,有益眼睛健康。同时,南瓜还含有丰富的**果胶**,可加强胃肠蠕动,帮助食物消化。

时蔬鲜虾粥

原料：

大米 20 克，

玉米粒 15 克，

大虾 2 只，

芹菜 15 克，

胡萝卜 15 克。

做法：

❶ 大米淘洗干净，在清水中浸泡 30 分钟。

❷ 将大虾洗净，去壳，去除沙线，剁碎。

❸ 芹菜洗净，去根、叶，切成碎末；胡萝卜去皮，洗净，切末；玉米粒洗净，切碎备用。

❹ 大米中加入适量清水煮沸，转小火，边搅拌边煮 15 ~ 20 分钟至稠状，加入芹菜末、胡萝卜末、虾仁碎和玉米碎，继续煮 1 ~ 2 分钟即可。

营养小贴士

　　虾富含锌、硒等营养素，还是补钙佳品。这道辅食各种食材搭配组合，互作补充，营养更全面；缤纷的色彩也可以提高宝宝的食欲。

苹果燕麦粥

原料:

燕麦片 50 克,
苹果 1/2 个
(约 50 克)。

做法:

❶ 苹果洗净后,去皮,去核,刨成丝。

❷ 小汤锅置火上,倒入清水煮沸,然后放入燕麦片及刨好的苹果丝并搅拌。

❸ 再次煮开,调成中小火,直到燕麦片变浓稠即可。

营养小贴士

　　苹果和燕麦是我们生活中常见的两种食材,含有丰富的**钙、磷、铁、锌**等矿物质,具有极高的营养价值。苹果燕麦粥味道香甜、口感顺滑,尤其受到宝宝的喜爱。

白萝卜虾蓉粥

原料:

大米50克,

白萝卜30克,

虾2只,

盐少许。

做法:

① 大米淘洗干净,在清水中浸泡30分钟,加入适量清水煮沸,转小火煮成米粥。

② 虾洗净,去壳,去除沙线,放入沸水中煮熟,切碎。

③ 白萝卜去皮、切成片后,放入沸水中焯熟,切碎。

④ 将虾碎和白萝卜碎倒入米粥中,再次煮2～3分钟,加盐调味即可。

营养小贴士

白萝卜所含淀粉酶和粗纤维,具有促进消化、增强食欲、加快胃肠蠕动的作用,便秘的宝宝可以适当食用。白萝卜的根部有较强的辣味,所以给宝宝做辅食时,取萝卜中间部分较好。

芋头肉粥

原料：
大米 50 克，
芋头 30 克，
猪肉 20 克。

做法：
❶ 大米洗净后，用清水浸泡 30 分钟。
❷ 芋头去皮，洗净后切成小丁，在清水中浸泡；猪肉洗净后切碎。
❸ 大米加入适量清水煮沸，放入芋头和猪肉碎，再次大火煮沸后转小火熬煮成黏稠的粥即可。

营养小贴士

芋头不仅口感绵密细腻，粉糯清香，还营养丰富，**淀粉、蛋白质、脂肪、维生素**及**矿物质**含量丰富，具有很好的滋阴补阳的作用，对于因为贫血和营养不良引起的体质虚弱等症状有很好的食疗效果。

豆腐肉末双米粥

原料：

大米 30 克，
小米 20 克，
牛肉 30 克，
豆腐 20 克。

做法：

❶ 大米和小米淘洗干净，在清水中浸泡 30 分钟备用。

❷ 牛肉洗净，切小块后放入搅拌机打成肉末；豆腐切成碎块。

❸ 牛肉末放入锅中，加入适量水，大火烧开后转小火继续煮 10 分钟，期间撇去浮沫。

❹ 锅中加入小米、大米和豆腐，大火煮开后转小火煲煮至熟即可。

营养小贴士

肉的选择有很多，如猪肉、鸡肉都可以。选择两种米，有互相补充营养的作用。选用较有韧劲的北豆腐比较好，会有更丰富的口感。

肉末土豆碎菜粥

原料:

大米 50 克,

猪瘦肉末 30 克,

土豆 30 克,

油菜叶 2 片。

做法:

❶大米淘洗干净,加水浸泡 30 分钟备用。

❷油菜洗净,去根,切碎;土豆去皮洗净,切成小块,煮熟后捣成泥备用。

❸锅内放入大米和适量清水,大火煮沸后转小火熬煮 10 分钟,加入猪肉末继续熬煮至黏稠,再加入油菜碎和土豆泥继续煮 5 分钟即可。

营养小贴士

土豆、青菜和肉末搭配是很好的组合,这一餐里主食、肉、青菜都有了,营养比较全面,是很好的宝宝辅食。

青菜猪肝粥

原料：

大米 50 克，

猪肝 20 克，

猪瘦肉 20 克，

油菜叶 2 片。

做法：

① 大米淘洗干净，加清水浸泡 30 分钟。

② 猪瘦肉和猪肝分别洗净，剁成末；油菜洗净，汆烫后捞出，剁碎。

③ 大米下锅，加适量清水煮沸，转小火，边搅拌边煮至黏稠。

④ 倒入肉末、猪肝末、油菜末搅拌均匀，边煮边搅拌，用大火煮 10 分钟左右即可。

营养小贴士

猪肝中含有丰富的**铁**，能够帮助宝宝预防缺铁性贫血。猪肝富含的**维生素 A** 对提高宝宝的免疫力也很有帮助，还能刺激宝宝食欲。

菜肴食谱推荐

蓝莓山药

原料:

山药 100 克,

蓝莓酱 30 克。

做法:

❶ 将山药削皮洗净,切成长短相似的条状。

❷ 放入锅中大火蒸 10 ~ 15 分钟。

❸ 将蒸熟的山药取出过凉开水至冷却,然后码入盘中形成"井"字格,淋上略加水稀释的蓝莓酱即可。

营养小贴士

山药属于薯类,含有丰富的 **B** 族维生素、**糖类**、**钾**等营养成分。也可以选用新鲜的蓝莓用料理机打成泥制作蓝莓酱浇在山药上。月份小的宝宝食用,可将山药压成泥。

桂花山药

原料：

山药 100 克，

桂花酱 30 克。

做法：

❶ 将山药洗净，放入蒸锅，大火蒸 20 分钟，取出晾凉备用。

❷ 将蒸好的山药去皮，切成长条后码盘，浇上桂花酱，食用时拌匀即可。

营养小贴士

　　桂花中所含的**芳香物质**，能够稀释痰液，促进呼吸道痰液的排出，具有化痰、止咳、平喘的作用。用桂花酱来调味，色美味香。

橙香萝卜丝

原料：

白萝卜 150 克，

橙汁 20 克，

白糖 5 克，

芝麻油适量。

做法：

❶ 白萝卜洗净，用刨丝器刨成细丝，放入白糖，拌匀后待用。

❷ 将橙汁、芝麻油淋在刨好的白萝卜丝上，拌匀即可。

营养小贴士

萝卜味甘辛，有健胃、消食的作用。用这种方法烹饪的萝卜丝甜酸爽口，入口后口感更丰富而有层次，有着淡淡的橙子香气。

清炒茭白

原料：

茭白 1 根，

青甜椒半个，

红甜椒半个，

蒜片、生抽、盐、

花生油各适量。

做法：

❶ 茭白去皮洗净切丝，入水焯烫，捞出备用；青、红甜椒洗净去籽切丝。

❷ 炒锅放花生油烧热，下蒜片爆香，加入茭白稍炒，加入青、红甜椒丝、生抽，炒匀后，加入盐炒匀即可。

营养小贴士

茭白含较多的**糖类、蛋白质、脂肪**等，能补充人体的营养物质，具有健壮机体的作用。

炒土豆泥

原料：

土豆200克，
葱5克，
盐1克，
牛奶30克，
花生油适量。

做法：

1. 土豆洗净上笼（或用水煮）蒸烂取出去皮，在炒锅（不要放在火上）内用锅铲按成泥后铲起；葱切细花。

2. 净锅置中火上，下花生油烧至六成热时，将土豆泥下锅炒，边炒边翻，炒成比较细滑的状态，用微波炉将牛奶加热至温热倒入土豆泥中，待牛奶被吸收，加盐调味，再下葱花和匀起锅。

营养小贴士

这道辅食含有丰富的**蛋白质**和**脂肪**，以及**钙、磷、钾**等矿物质，绵软滑嫩，清香爽口。

银芽鸡丝

原料：

鸡胸脯肉 100 克，

绿豆芽 150 克，

鸡蛋清 1 个，

葱白 5 克，

盐 1.5 克，

干淀粉 25 克，

水淀粉 25 克，

料酒 10 克，

高汤 50 克，

花生油适量。

做法：

❶ 绿豆芽摘去两头，洗净；葱白先切段再切成丝，鸡蛋清加干淀粉调成蛋清糊。

❷ 鸡胸脯肉洗净，切成细丝装入碗内，加盐（0.5克）、料酒（5克）、蛋清糊拌匀；另取一碗，放入剩下的盐、料酒，以及水淀粉、高汤对成滋汁。

❸ 炒锅置旺火上，放花生油烧至五成热，下鸡丝滑散，再下豆芽、葱白炒熟，烹滋汁，汁浓亮油起锅。

营养小贴士

这道辅食含有丰富的蛋白质和膳食纤维，B族维生素、叶酸的含量也比较高，质脆鲜嫩，清香爽口。

酸甜莴笋

原料：

嫩莴笋 250 克，

番茄 1 个，

蒜末 10 克，

柠檬汁或鲜橙汁 50 克，

白糖 10 克，

盐 1 克。

做法：

❶ 莴笋去叶、削皮、去根，洗净切丁后用水汆一下；番茄洗净去皮、切块。

❷ 将柠檬汁、白糖、清水、盐放入装入材料的大碗内搅匀，入冰箱储存，随吃随取。

营养小贴士

　　莴笋含有丰富的 β - **胡萝卜素**和维生素 C，适当多吃莴笋对宝宝的生长发育很有益处。

麻酱莴笋

原料：

莴笋 200 克，

芝麻酱 20 克，

白糖 2 克，

盐 2 克。

做法：

❶ 将莴笋去皮洗净，切成 0.5 厘米粗的条，投入沸水中汆烫一下，捞出来沥干水。

❷ 将芝麻酱放入碗中，加适量温开水，再加入盐和白糖，调匀。

❸ 将调好的芝麻酱淋在莴笋上，拌匀即可

营养小贴士

莴笋含丰富的**磷**与**钙**，对促进宝宝骨骼的正常发育，帮助宝宝正常长牙都是很有好处的。

凉拌圆白菜

原料:

圆白菜 200 克,

黄瓜 1 根,

盐适量,

芝麻油适量。

做法:

❶ 将圆白菜洗净,切成细丝,用开水烫一下,晾凉,沥干水;黄瓜洗净,切成细丝。

❷ 将圆白菜丝、黄瓜丝放入盘内,加入芝麻油、盐,拌匀即可。

营养小贴士

圆白菜含有丰富的**优质蛋白质、膳食纤维、矿物质、维生素**等,能提高宝宝的免疫力。

韭菜炒虾皮

原料：

韭菜200克，
虾皮230克，
酱油、盐、
花生油各适量。

做法：

❶ 将韭菜择去黄叶和老根洗净，切成4~5厘米长的段；虾皮洗净备用。

❷ 锅内加入花生油烧热，先放入虾皮煸炒几下，随即倒入韭菜快速翻炒。

❸ 至韭菜色转深绿时加入酱油、盐，翻炒均匀即可。

营养小贴士

虾皮的**蛋白质**含量丰富，还含有**碘、铁、钙、磷**等矿物质以及**虾青素**；韭菜含有丰富的**维生素A**，还有**锌**和**钾**元素。两者搭配一起炒，味道好，营养丰富。

芥菜拌豆腐

原料：

豆腐 100 克，

芥菜 200 克，

盐适量，

芝麻油 3 克，

白糖 2 克。

做法：

❶ 将豆腐切成 1 厘米见方的丁，芥菜洗净切成小段，二者均入沸水中汆烫后捞出，沥干水分。

❷ 将豆腐丁、芥菜段混合，加盐、白糖、芝麻油拌匀即成。

营养小贴士

芥菜含有丰富的 β - 胡萝卜素、维生素、钾和膳食纤维，还有较高含量的钙。豆腐中的氨基酸和蛋白质含量很高。

凉拌芹菜叶

原料：

芹菜嫩叶 100 克，

酱香豆腐干 40 克，

盐、白糖、酱油、

芝麻油各适量。

做法：

❶ 将芹菜叶洗净，入沸水焯烫，捞出摊开晾凉。

❷ 酱香豆腐干入沸水烫一下，捞出切成小丁。

❸ 将芹菜叶和豆腐丁放入大碗中，加入盐、白糖、酱油、芝麻油拌匀即可。

营养小贴士

芹菜叶中 β - 胡萝卜素、维生素 C、维生素 B_1、蛋白质和钙的含量均超过茎的含量。

茼蒿炒豆腐

原料：

豆腐 200 克，

茼蒿 100 克，

葱、姜、蒜末各 5 克，

盐 1 克，

胡椒粉 1 克，

高汤 50 克，

芝麻油、花生油适量。

做法：

❶ 茼蒿洗净切成小段，投入沸水锅中汆烫 1 分钟左右捞出，沥干水备用；豆腐切成 0.5 厘米见方的块，用沸水汆烫一下捞出，沥干水。

❷ 锅内加入花生油烧热，将豆腐倒入锅中，用小火煎至表皮稍硬。

❸ 另起锅加入花生油烧热，加入葱、姜、蒜末炒香，放入豆腐、胡椒粉、高汤，烧至入味。

❹ 加入茼蒿，翻炒均匀，淋入芝麻油即可。

营养小贴士

茼蒿清爽可口，营养丰富，茼蒿叶富含维生素 C、维生素 A 和膳食纤维。

蒜蓉西蓝花

原料：

西蓝花 200 克，

蒜 5 瓣，

蚝油 10 克，

盐 1 克。

做法：

❶ 西蓝花洗净，在加盐的沸水中焯一下，捞出，过凉水。

❷ 将西蓝花沥干水分，在盘中摆好造型。

❸ 锅内加油烧热，将蒜剁成蓉炒香，加蚝油翻炒匀，浇在西蓝花上。

营养小贴士

西蓝花中蛋白质、糖类、脂肪、矿物质、维生素等营养成分含量都比较高，其平均营养价值及防病作用远远超出其他蔬菜。

芹黄鸡丝

原料：

鸡肉 100 克，

芹黄 150 克，

姜 10 克，

葱白 10 克，

盐 2 克，

酱油 5 克，

醋 5 克，

料酒 10 克，

水淀粉 50 克

高汤 50 克，

花生油适量。

做法：

❶ 芹黄洗净，切段；姜切细丝；葱白切成段后再切成丝。

❷ 鸡肉洗净，切成细丝，盛碗内加盐（1.5 克）、料酒（5 克）、水淀粉（25 克）拌匀；另取一碗，放入剩下的盐、料酒、水淀粉，以及酱油、高汤对成滋汁。

❸ 炒锅置旺火上，放花生油烧至六成热，下鸡丝炒散，再下芹黄、姜、葱炒熟，烹入滋汁，汁浓加醋和匀起锅。

营养小贴士

芹菜富含蛋白质、糖类、β–胡萝卜素、B族维生素、钙、磷等。芹黄是芹菜中间分量不多的内心，口感脆嫩。

椒炝芥蓝

原料：

芥蓝 200 克，

花椒 2 克，

盐 1 克，

生抽 5 克，

花生油适量。

做法：

❶ 芥蓝洗净，斜刀切成寸段，入沸水焯至断生后再用冷开水过凉，沥干水分备用。

❷ 锅内加花生油烧热，放入花椒，小火炸出香味后做成花椒油，在刚炸出的花椒油中放入盐和生抽，调成味汁。

❸ 把芥蓝装入盘中，淋上味汁即可。

营养小贴士

芥蓝口感清淡脆嫩，富含**蛋白质和膳食纤维**，以及**维生素C、钙、钾**等。这道菜可增进食欲，还可加快胃肠道蠕动，促进消化。

柠檬瓜条

原料：

冬瓜 250 克，

柠檬汁 100 克，

白糖 5 克。

做法：

❶ 将冬瓜去皮洗净，切成一字条状。

❷ 将冬瓜条放入沸水中汆烫熟，捞出过凉开水后沥干，放入柠檬汁中，再加入白糖调味，浸泡半小时后捞出，装入盘中即成。

营养小贴士

冬瓜含**维生素 C** 较多。冬瓜属于水分很高的蔬菜，自然地具有"利尿"的效果。这道辅食清热生津，僻暑除烦，在夏日服食尤为适宜。

虾片黄瓜

原料：

虾 4 只，

黄瓜 1 根，

青蒜苗 2 棵，

水发木耳 2 朵，

生抽 5 克，

醋 3 克，

芝麻油少许。

做法：

❶ 木耳用沸水焯烫一下，撕成小片；黄瓜切成半圆片；青蒜苗切段。

❷ 虾去除头、壳、沙线，放入开水锅里煮熟，捞出晾冷，切片。

❸ 将虾片与木耳、黄瓜、青蒜苗放入盘中，倒入生抽、芝麻油、醋即可。

营养小贴士

虾肉含有丰富的蛋白质、脂肪、糖类、铁、钙、碘和维生素 A、维生素 B_1、维生素 B_2 及尼克酸，具有健脾暖胃的功效。

肉末炒丝瓜

原料：

猪肉馅50克，

丝瓜1根，

葱末5克，

姜末5克，

盐1克，

生抽10克，

花生油适量。

做法：

❶ 丝瓜清洗干净，削去外皮，切成0.3厘米厚的片。

❷ 中火加热锅中的花生油，将葱、姜末放入锅中爆香，放入猪肉馅，不断翻炒直至肉馅全部炒散、变色。

❸ 锅中倒入生抽，再放入切好的丝瓜，盖上锅盖稍稍焖2～3分钟，直至丝瓜变软，调入盐，即可。

营养小贴士

丝瓜所含各类营养在瓜类食物中较高，其中的**皂苷类物质、丝瓜苦味质、黏液质、木胶、瓜氨酸**等特殊物质具有抗病毒、抗过敏等特殊作用。

肉末豆角

原料：

猪肉末100克，

豇豆100克，

葱末10克，

姜末10克，

盐1克，

料酒适量，

花生油适量。

做法：

❶ 豇豆洗净后切小段；猪肉末加料酒、葱末、姜末搅拌均匀。

❷ 起锅倒入花生油烧热，下入猪肉末炒散。

❸ 加入切好的豇豆段，煸炒几下，加少许水焖煮一会儿，加盐调味即可。

营养小贴士

豇豆提供了易于消化吸收的**优质蛋白质**、适量的**糖类**及多种**维生素、微量元素**等，可补充宝宝机体的营养素。

肉末烧茄子

原料：

长条紫茄子 200 克，

肉末 50 克，

香葱少许，

蒜 3 瓣，

生抽 10 克，

水淀粉 20 克，

盐 1 克，

花生油适量。

做法：

❶ 将紫茄子洗净，切成约 5 厘米长、1 厘米粗的条；蒜切成末，香葱切粒。水淀粉、生抽和盐调成料汁备用。

❷ 锅中不放油，烧至五成热，下茄条干炒片刻，茄条稍变软后起锅备用。

❸ 就着热锅，倒入花生油，下肉末和少量盐炒散后起锅备用，再倒入油改大火，放入蒜末煸香，放茄子和肉末翻炒，倒入料汁，放入香葱粒拌匀后稍焖两分钟即可。

营养小贴士

茄子含有丰富的**钙、盐酸、膳食纤维**等。茄子口感绵软细腻，适合宝宝食用。建议选用嫩茄子，制作时保留外皮。

咸鸭蛋黄炒南瓜

原料：

小南瓜 100 克，

咸鸭蛋黄 1 个，

白芝麻 2 克，

香葱段少许，

黄酒 3 克，

盐 0.5 克，

花生油适量。

做法：

❶ 将咸鸭蛋黄和黄酒放入小碗中，入蒸锅隔水大火蒸 8 分钟，取出趁热用小勺碾散，呈细糊状；小南瓜洗净去皮，挖去南瓜子，切成长条。

❷ 锅内放花生油烧热，爆香香葱段，加入南瓜煸炒约 2 分钟，待南瓜边角发软，倒入蒸好的咸鸭蛋黄，调入盐、白芝麻，再翻炒均匀即可。

营养小贴士

咸鸭蛋含有丰富的**蛋白质**、**磷脂**、**B 族维生素**，以及丰富的**铁**和**钙**等矿物质。

肉焖鲜豌豆

原料：

猪肉 100 克，

鲜豌豆 100 克，

盐 1 克，

水淀粉 25 克，

花生油、高汤各适量。

做法：

❶ 将猪肉切成同豌豆大小的肉粒。

❷ 将豆荚中现剥的新鲜豌豆，用清水淘过、沥干水。

❸ 炒锅置旺火上，放入花生油烧热，倒下猪肉颗炒散；当炒干水汽现油时，即倒入豌豆与肉颗合炒；再掺汤加盐（汤淹没豌豆），用小火焖至豌豆熟透酥烂时，水淀粉勾成二流芡下锅搅匀即成。

营养小贴士

　　鲜豌豆含有**蛋白质**和**膳食纤维**，它也是人体摄取**维生素 A**、**维生素 C** 和**维生素 K**，以及**维生素 B** 的主要来源食物之一。

番茄拌豆腐

原料：
北豆腐 200 克，
番茄 1 个，
白糖 5 克，
盐 1 克。

做法：
❶ 北豆腐用开水汆烫 2 分钟后捞出，捣成泥状。
❷ 番茄用热水烫一下去皮，切成小块和豆腐混合一起装盘拌匀。
❸ 放入白糖、盐拌匀即成。

营养小贴士

豆腐中丰富的**大豆卵磷脂**有益于宝宝神经、血管、大脑的发育生长。生食的番茄可以最大限度地保留其中的**维生素 C**。

白汁鲜鱼

原料：

鲜鲤鱼1尾（约500克），

冬笋（罐头）100克，

水发冬菇100克，

姜、葱白各25克，

盐3克，

胡椒粉1.5克，

水淀粉50克，

料酒25克，

高汤600克，

花生油适量。

做法：

①姜拍破；葱白一半切段，一半切丝；冬笋、冬菇均切成粗丝。

②鲤鱼处理后在鱼身两面各轻划5刀，用盐（2克）、料酒（15克）抹匀，腌约10分钟。

③锅置旺火上，放花生油烧至六成热，下鱼将两面煎呈浅黄色时捞起。

④锅中留底油下姜、葱段炒香，掺高汤，汤开1分钟打起姜、葱，下鱼、冬笋、冬菇，加盐（1克）、料酒（10克）、胡椒粉，改用中火。烧至鱼入味，捞鱼入盘。水淀粉下入锅中勾成薄芡，加葱丝和匀起锅，淋鱼上即成。

营养小贴士

鱼不仅味道鲜美，而且营养价值极高。其**蛋白质**含量为猪肉的2倍，且属于优质蛋白，人体吸收率高。

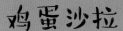

鸡蛋沙拉

原料：

鸡蛋 1 个，

西蓝花 100 克，

酸奶 100 克。

做法：

①将鸡蛋煮熟，蛋清切碎块，蛋黄捣碎。

②将西蓝花洗净，入沸水中煮熟后捞出切碎。

③将酸奶倒入小碗中，撒上鸡蛋碎和西蓝花碎。

营养小贴士

酸奶富含对人体有益的**益生菌**及益生菌产生的助消化的**酶**等。以鲜奶为基础的酸奶，建议 1 岁后才添加。

橘味海带丝

原料：

干海带 50 克，

新鲜大白菜 150 克，

干橘皮 15 克，

香菜段适量，

白糖、香醋、

酱油各 5 克。

做法：

1 将干海带泡软洗净，放在锅里煮熟后，捞出过凉开水备用。

2 把海带和大白菜切成细丝放在盘里，加上酱油、白糖和芝麻油，撒上香菜段。

3 将干橘皮用水泡软，捞出后剁成碎末，放入碗里加香醋搅拌；把橘皮醋液倒入盘中拌匀后即可食用。

营养小贴士

海带含碘量极高，是体内合成甲状腺素的主要原料。大白菜含有丰富的多种**维生素和矿物质**，特别是**维生素 C 和钙、膳食纤维**的含量非常丰富。

干炒豆腐

原料:

豆腐200克,
葱花10克,
盐1克,
花生油适量。

做法:

❶豆腐洗净沥干水,盛入碗内用锅铲铲碎。

❷炒锅置中火上,放入花生油,烧至六成热时,将碗内豆腐倒入锅中铲炒;至豆腐无生气味时,放盐炒匀;待豆腐水汽炒干、表皮现黄色、收成小颗时,放入葱花,炒转起锅。

营养小贴士

豆腐的**蛋白质**含量丰富,不仅含有人体**必需氨基酸**,而且比例也接近人体需要,营养价值较高。豆腐消化慢,小儿消化不良者不宜多食。

虾仁豆腐蒸蛋

原料：

内酯豆腐 1/3 盒，

鸡蛋 1 个，

虾仁 5 个，

芝麻油、盐、

淀粉各适量。

做法：

❶ 内酯豆腐切小块，鸡蛋打成蛋液。

❷ 虾仁洗净后，沥干水分，切成小丁，加入一点点淀粉拌均匀，备用。

❸ 将蛋液加 2 倍的水稀释，并加盐，再用过滤网过滤，隔离出多余的气泡后将蛋液倒在豆腐块上，而后加上虾仁碎。

❹ 碗口包上保鲜膜，放入蒸锅，中火蒸 8 ~ 10 分钟，吃之前淋入芝麻油即可。

营养小贴士

　　豆腐中缺少参与蛋白质合成的人体**必需氨基酸——甲硫氨酸**，这道辅食把它和虾仁、鸡蛋搭配在一起，可大大提高豆腐中蛋白质营养的利用率。

荸荠炒虾球

原料:

荸荠 200 克,

鲜虾 150 克,

葱花、姜片各 10 克,

盐、胡椒粉各 1 克,

淀粉 10 克,

料酒 10 克,

花生油适量。

做法:

❶ 荸荠去皮,洗净,切片;鲜虾去头去壳去沙线,洗净,用料酒、姜片、胡椒粉、淀粉稍腌。

❷ 炒锅放花生油,油热后放入荸荠煸炒一会儿,加适量水煮 6 分钟左右,捞出沥水。

❸ 另起锅放花生油烧热,放入虾仁煸炒,待虾仁变色后放入荸荠一起炒,快熟时加盐、葱花炒匀即可出锅。

营养小贴士

荸荠也叫马蹄,富含大量**维生素**,其味甜多汁,清脆可口,食之有助于开胃消食,清热解毒。这道辅食的营养成分和味道层次都非常丰富。

鲜奶鱼丁

原料：

鲜鱼肉 150 克，
蛋清 1 只，
盐 2 克，
白糖 5 克，
葱姜水、牛奶
及水淀粉、
花生油各适量。

做法：

❶ 将净鱼肉洗净制成鱼蓉后，放入适量葱姜水、盐、蛋清及水淀粉，搅拌均匀。上劲后，放入盘中上笼蒸熟，使之成鱼糕，取出后切成丁状。

❷ 锅置火上，放入少许花生油，烧熟后将油倒出；锅中再加少许清水及牛奶，烧开后加少许盐、白糖，然后放入鱼丁，烧开后用水淀粉勾芡，淋少许熟花生油即可。

营养小贴士

鱼肉中含有丰富的**完全蛋白质**及维生素A、铁、钙、磷等。但是，鱼被美国过敏哮喘和免疫学学会列为普通的食物过敏因素之一，因此给宝宝吃不同品种的鱼时要注意是否有过敏现象。

蒸三丝

原料：
胡萝卜 50 克，
土豆 50 克，
嫩芹菜叶 50 克，
面粉、色拉油、
芝麻油各适量。

做法：

① 将胡萝卜、土豆分别洗净、去皮，用擦丝器擦成均匀的细丝。

② 土豆丝放入水中浸泡，洗去多余的淀粉，捞出控水，撒上少许色拉油，均匀拌上干面粉。

③ 胡萝卜丝撒上少许色拉油，均匀拌上干面粉。

④ 芹菜叶洗净、切碎、晾干，撒上少许色拉油，均匀拌上干面粉。

⑤ 把三样食材分别放入蒸锅里蒸 5 分钟左右即可。

⑥ 蒸好后，取出三丝放到菜盘内，放入适量芝麻油拌匀即可。

营养小贴士

这道辅食中**胡萝卜素、维生素、膳食纤维**等营养丰富、色彩鲜艳，既开胃又可饱腹。

木耳银芽炒肉丝

原料：

水发腐竹 50 克，

豆芽 100 克，

水发木耳 100 克，

猪肉丝 100 克，

盐 2 克，

淀粉 5 克，

姜末 5 克，

生抽 5 克，

花生油适量，

芝麻油适量。

做法：

❶ 将水发腐竹斜切成丝；猪肉丝用生抽和淀粉抓匀。

❷ 将水发木耳择洗干净，切成细丝；豆芽择洗干净；放进开水中焯一下捞出。

❸ 锅中放花生油烧热，爆香姜末，倒入猪肉丝炒散，再放入豆芽和木耳丝煸炒，加少量水、盐，下腐竹丝，用小火慢烧 3 分钟，转大火收汁，然后用水淀粉勾芡，淋入芝麻油即可。

营养小贴士

腐竹和木耳都含有丰富的铁，且易被人体吸收，对缺铁性贫血有一定预防效果。

清蒸鳕鱼

原料：

鳕鱼 100 克，

料酒 10 克，

盐 1 克，

蒸鱼豉油少许，

芝麻油少许。

做法：

❶ 鳕鱼洗净，倒入料酒腌 5 分钟去腥，洗净后沥干。

❷ 鳕鱼装入盘中，浇上蒸鱼豉油，撒上盐，放入蒸笼蒸 8 分钟。

❸ 出锅后淋少许芝麻油即可。

营养小贴士

鳕鱼中所含的 DHA 和**牛磺酸**，对宝宝大脑发育极为有益；其所含丰富的**蛋白质**，对语言、思考、运动、记忆、神经传导等方面都有重要的作用。但是，便秘宝宝不宜食用。

三鲜蛋羹

原料：

鸡蛋 1 个，

基围虾 2 只，

猪肉 20 克，

香菇 1 朵。

做法：

❶ 将虾洗净，去壳，去除沙线，剁成泥；猪肉洗净，切成末；香菇洗净，切成末。

❷ 将虾泥、猪肉末、香菇末混合在一个碗里，顺着一个方向搅拌均匀。

❸ 将鸡蛋打散，在蛋液中加入等量的清水，放入虾泥、肉末、香菇末，搅拌均匀。

❹ 将食材放入蒸笼内，隔水蒸 5 ~ 8 分钟至熟即可。

营养小贴士

这道蛋羹有多种食材，营养更均衡，可为宝宝提供**优质蛋白质**、**维生素 A**和**锌**、**铁**等营养素。

土豆鸡蛋卷

原料：

鸡蛋 1 个，

土豆 1 个，

牛奶 20 克，

黄油 20 克，

盐 2 克，

香菜末少许，

花生油适量。

做法：

❶ 将土豆煮熟后捣碎，并用牛奶、黄油拌匀。

❷ 平底锅烧热放花生油，把调好的鸡蛋糊煎成鸡蛋饼。

❸ 把土豆泥贴在鸡蛋饼上卷好，切成小段，上面放少量香菜末做装饰。

营养小贴士

黄油的营养是奶制品之首，富含丰富的**氨基酸**、**蛋白质**，还富含**维生素 A** 等各种维生素和矿物质，可以为宝宝身体的发育和骨骼的发育补充大量营养。

蛋皮鱼肉卷

原料：

鸡蛋黄1个，
净鱼肉60克，
花生油适量。

做法：

❶ 净鱼肉在清水中洗净，沥干水分，然后剁成鱼泥；鸡蛋黄打散成蛋黄液。

❷ 鱼泥放入蒸锅中，隔水将其蒸熟。

❸ 小火将平底锅烧热，涂一层薄薄的花生油，倒入蛋黄液摊成蛋饼，把蒸熟的鱼泥平摊在蛋饼上，卷成蛋卷，出锅后切小段装盘即可。

营养小贴士

　　蛋黄和鱼肉都属于**蛋白质**含量较高的食物，可以为宝宝身体补充能量。但是，要注意，发热的宝宝不适合食用。

嫩炒蛋

原料：

鸡蛋2个，

牛奶50克，

盐、花生油各适量。

做法：

❶鸡蛋充分打散，加入牛奶、盐后打匀。

❷锅里倒入适量花生油，烧热后倒入蛋液，边搅边炒。

❸待鸡蛋八九成熟时关火盛出即可。

营养小贴士

这道辅食鲜奶味香，软滑爽口，而且含有丰富的**蛋白质**，可以为宝宝提供

能量。

香菇黑木耳炒猪肝

原料：

猪肝 50 克，
香菇 100 克，
黑木耳 20 克，
葱花 10 克，
姜末 10 克，
黄酒、鸡汤、盐、
酱油、水淀粉、
花生油各适量。

做法：

① 香菇、黑木耳拣去杂质，放入温水中泡发（浸泡水勿弃），洗净后香菇切成片，黑木耳撕成小朵。

② 猪肝洗净，切成片，放入碗中，加葱花、姜末、黄酒、水淀粉抓匀。

③ 炒锅置火上，加花生油烧至六成热，投入葱花、姜末，炒出香味后即投入猪肝片，急火翻炒，加香菇片及木耳，继续翻炒片刻。

④ 再加适量鸡汤，倒入香菇和木耳的浸泡水，加盐、酱油，小火煮沸，用水淀粉勾薄芡即成。

营养小贴士

香菇含有多种人体必需的**氨基酸**，是高蛋白、低脂肪的保健食品。猪肝中含有丰富的**铁**和**维生素 A**，因而具有养血、明目的功效。

雪花鸡淖

原料:

鸡胸脯肉 100 克,

鸡蛋清 2 个,

熟火腿 20 克,

盐、胡椒粉各 1 克,

水淀粉 75 克,

料酒 10 克,

花生油、鸡汤各适量。

做法:

❶ 熟火腿剁成末;鸡胸脯肉用刀背捶成蓉,剔去筋,盛碗内加热汤 100 克搅散,再加鸡蛋清、料酒、盐、胡椒粉、水淀粉搅成鸡浆。

❷ 锅置旺火上,放花生油烧至七成热;碗内鸡浆加热汤 300 克调匀,倒入锅内炒至成泥蓉状时起锅盛盘内,撒上火腿末即成。

营养小贴士

鸡胸脯肉蛋白质含量较高,且易被人体吸收入利用,其所含对人体生长发育有重要作用的磷脂类,是中国人膳食结构中脂肪和磷脂的重要来源之一。

娃娃菜小虾丸

原料：

鲜虾5只，
娃娃菜2片，
淀粉2克，
盐1克。

做法：

❶ 将虾洗净，去壳，去除沙线，剁碎成泥（保留一些颗粒感）。

❷ 将娃娃菜洗净，切碎，将盐、菜碎与虾泥混合，再加入淀粉和少许水。

❸ 将上述材料搅拌均匀，然后搓成小丸子，入蒸锅隔水蒸熟即可。

营养小贴士

虾肉质松软，易消化，富含**钙、磷**，对宝宝有较好的补益作用。娃娃菜的含水量丰富，跟虾肉搅打在一起，可使虾肉又嫩又软。

番茄面疙瘩汤

原料：

面粉50克，
鸡蛋1个，
番茄半个
（约50克），
芝麻油少许。

做法：

❶ 将番茄去皮、切成丁；鸡蛋磕入碗中，打散成蛋液。

❷ 面粉放入小碗中，慢慢地加水，边加水边用筷子快速搅拌，至呈细小的絮状。

❸ 番茄丁加一碗清水煮沸，倒入拌好的面絮，充分煮软烂，淋上蛋液煮熟，淋上芝麻油即可。

营养小贴士

这道辅食富含**番茄红素、蛋白质**和**糖类**等营养成分，还包含了番茄的酸味和芝麻油的香味。面疙瘩越细小越好，这样更加容易煮熟、煮烂。

虾仁珍珠汤

原料：

面粉 50 克，
鸡蛋 1 个，
虾仁 20 克，
菠菜叶 10 克，
高汤 200 克，
芝麻油 2 克，
盐少许。

做法：

❶ 虾仁洗净，切成丁；菠菜叶洗净，放入沸水中焯 2 ~ 3 分钟，捞出来沥干水，切成碎末；鸡蛋打到碗里，将蛋清和蛋黄分开。

❷ 面粉用小筛子筛过，装入一个干净的盆里，加入蛋清和成稍硬的面团。

❸ 面板上加少许干面粉，取出面团揉匀，用擀面杖擀成薄皮，切成比黄豆粒稍小的丁，搓成小球。

❹ 锅内加入高汤，下入虾仁、盐，用大火烧开，再下入面疙瘩，煮熟。

❺ 将蛋黄搅散，转着圈倒入锅里，用小火煮熟，加入菠菜末，淋上芝麻油，即可出锅。

营养小贴士

这道辅食含有丰富的**蛋白质**、**糖类**、**铁**，还含有多种维生素。

荸荠蛋花汤

原料：
荸荠 5 个，
鸡蛋 1 个，
盐适量，
芝麻油少许。

做法：

① 鸡蛋打入碗里，用筷子打散。

② 荸荠洗净，削皮，切碎，加水大火煮沸，转小火煮 10 分钟。

③ 加入打好的蛋花略煮即可熄火，加入适量盐调味，滴上少许芝麻油即可食用。

营养小贴士

荸荠中含的磷是根茎类蔬菜中较高的，能促进人体生长发育和维持生理功能的需要，对宝宝牙齿、骨骼的发育有很大好处，同时可促进体内的糖类、脂肪、蛋白质三大物质的代谢。

丝瓜蛋花汤

原料：

丝瓜1根，

鸡蛋1个，

骨头汤500克，

新鲜虾皮5克，

葱花少许，

盐适量。

做法：

❶ 丝瓜去皮，洗净切片；虾皮用温水泡软洗净；鸡蛋打散备用。

❷ 将骨头汤和虾皮放入锅中烧沸，放丝瓜片煮至熟软，倒入蛋液煮开，加入盐、葱花调味即可。

营养小贴士

　　丝瓜中B族维生素等含量较高，有利于小儿大脑发育。但要注意，宝宝有腹泻的情况时不宜吃丝瓜。

第三章

2 ~ 3 岁宝宝的喂养

养成饮食好习惯，
开始像大人一样吃饭

喂养知识问答

如何合理安排2~3岁宝宝的膳食？

2~3岁的宝宝每天应安排早、中、晚三次正餐，并在此基础上还应有两次加餐。一般分别安排在上午、下午各一次，如果晚餐时间比较早，可在睡前2小时安排一次加餐。加餐以奶类、水果为主，配以少量松软面点，加餐分量宜少，以免影响正餐进食量。晚间加餐不宜安排甜食，以预防龋齿。

2~3岁的宝宝各类食物建议摄入量
（克/天）

谷类	75~125
薯类	适量
蔬菜	100~200
水果	100~200
肉禽鱼	50~75
蛋类	50
大豆	5~15
坚果	—
乳制品	350~500
食用油	10~20
食盐	<2

——《中国妇幼人群膳食指南（2016）》

如何引导儿童规律就餐、专注进食？

2~3岁的宝宝注意力不易集中，易受环境影响，如进食时看电视、做游戏、玩玩具等都会降低宝宝对食物的关注度，影响进食。父母可这样做：

①为宝宝提供固定的就餐座位，定时定量进餐；

②避免追着喂、边吃边玩、边吃边看电视等情况；

③吃饭细嚼慢咽但不拖延，最好在30分钟内完成进食；

④让宝宝自己使用筷子、勺子进食，养成自主进餐的习惯，既可增加宝宝进食兴趣，又可培养其自信心和独立能力。

如何培养和巩固儿童饮奶的习惯？

我国2～3岁儿童膳食钙的每天推荐量为600毫克，奶及奶制品中钙含量丰富且吸收率高，是儿童钙的最佳来源。建议每天饮用350～500克的奶或相当量的奶制品，可保证宝宝钙摄入量达到适宜水平。

父母应以身作则常饮奶，鼓励和督促孩子每天饮奶，以逐步养成每天饮奶的习惯。若宝宝饮奶后出现腹胀、腹泻、腹痛等胃肠不适，可能与乳糖不耐受有关，可采取以下方法加以解决：①少量多次饮奶或吃酸奶；②饮奶前进食一定量的主食，避免空腹饮奶；③改吃无乳糖奶或饮奶时加用乳糖酶。

如何培养儿童养成喝白开水的习惯？

2～3岁的宝宝新陈代谢旺盛，活动多，水分需要大。建议饮水以白开水为主，避免喝含糖饮料。宝宝胃容量小，每天应少量多次饮水，如上午、下午各饮水2～3次，晚饭后根据情况而定。不宜在进餐前大量饮水，以免胃部充盈，冲淡胃酸，影响食欲和消化。

父母应以身作则，自己养成良好的饮水习惯，并告知宝宝多喝含糖饮料对健康的危害。家里要常备凉白开水，提醒孩子定时饮用。家中不购买可乐、果汁饮料，避免将含糖饮料作为零食提供给宝宝。由于含糖饮料对宝宝诱惑很多，许多宝宝易形成对含糖饮料的嗜爱，需要给予正确引导。

家庭自制的豆浆、果汁等天然饮品可适当选择，但饮后需及时漱口，以保持口腔卫生。

如何为孩子正确选择零食？

零食是宝宝饮食中的重要内容，如果食用不当，会对宝宝的正常饮食造成影响。因此，零食应尽可能与加餐相结合，以不影响正餐为宜。零食选择时，应注意如下几方面：

① 选择新鲜、天然、易消化的食物，如奶制品、水果、蔬类、坚果和豆类食物。少选油炸食品和膨化食品。

② 零食安排在两次正餐之间，量不宜多，睡觉前 30 分钟不要吃零食。

③ 要注意吃零食前要洗手，吃完漱口。

④ 注意食用安全，要避免整粒的豆类、坚果类食物呛入气管发生意外，建议坚果和豆类食物磨成粉或打成糊食用。

⑤ 对年龄较大的宝宝，可引导其认识食品营养标签，学会辨识食品营养生产日期和保质期。

推荐零食	限制零食
新鲜水果、蔬菜	果脯、果汁、果干、水果罐头、蔬菜干、蔬菜汁
乳制品（液态奶、酸奶、奶酪等）	乳饮料、冷冻甜品类食物（冰淇淋、雪糕等）、奶油、含糖饮料（碳酸饮料、果味饮料等）
馒头、面包	膨化食品（薯片、爆米花、虾条等）、油炸食品（油条、麻花、油炸土豆等）、含人造奶油的甜点
鲜肉鱼制品	咸鱼、香肠、腊肉、鱼肉罐头等
鸡蛋（煮鸡蛋、蒸蛋羹）	
豆制品（豆腐干、豆浆）	烧烤类食品
坚果类（磨碎食用）	高盐坚果、糖浸坚果

主食食谱推荐

栗子面小窝头

原料：

玉米面 150 克，
面粉 50 克，
熟栗子肉 100 克，
绵白糖 50 克，
泡打粉 5 克。

做法：

❶ 将栗子肉碾碎成粉状，与玉米面、面粉、绵白糖、泡打粉混合。缓缓加入适量水，边加水边搅拌，揉成光滑的面团。

❷ 将面团分成 20 克重的小剂子，双手蘸水，一手持面团，另一只手的大拇指在面团中间按一个窝，其余四指并拢，旋转着捏成厚度均匀的窝头胚子。

❸ 大火烧开蒸锅中的水，在蒸屉上刷一层油，将制好的窝头胚子摆在屉上，盖上盖子，蒸 15 分钟左右即可。

营养小贴士

栗子的糖类、蛋白质含量较高，能供给人体较多的热能，具有益气健脾的作用。

番茄鸡蛋小饼

原料:

面粉 50 克,

番茄 1 个,

鸡蛋 1 个,

花生油适量,

盐少许。

做法:

❶ 番茄在清水中洗净,去皮、蒂,切碎,鸡蛋搅打成蛋液。

❷ 在蛋液中加入适量水、面粉,搅拌均匀,再加入番茄碎和少许盐,搅拌均匀成番茄蛋糊。

❸ 锅置火上,放少许花生油烧热,倒入搅好的番茄鸡蛋面糊,煎至两面呈金黄色即可。

营养小贴士

番茄富含**苹果酸、柠檬酸**等**有机酸**,能促使宝宝胃液分泌,对脂肪及蛋白质的消化有促进作用。

南瓜小饼

原料:

面粉 500 克,

黄瓤南瓜 450 克,

豆沙馅 70 克,

干淀粉 40 克,

花生油适量。

做法:

❶ 黄瓤南瓜去皮去籽,切薄片,放入加盖的微波炉容器中,高火加热 7 分钟,取出碾成南瓜泥。

❷ 在南瓜泥中放入面粉和干淀粉混合均匀,和成面团。

❸ 双手蘸些许凉水,取鸡蛋大小的南瓜面团,在掌中按平,把豆沙馅包在中间成团,再用手稍稍压实,做成厚厚的小圆坯。

❹ 平底锅置火上,加花生油,中火烧至六成热时将南瓜饼坯逐个放入。炸到一面定形时,用锅铲小心地翻面,再用锅铲的底部轻轻按压,保证南瓜饼的平整,待另一面同样煎熟定型后,捞出沥干油分即可。

营养小贴士

南瓜属于黄色食物,富含**维生素** A 和 D,能促进宝宝视力发育,以及促进对钙的吸收,强壮筋骨。

冬菇马蹄蒸肉饼

原料:

猪前腿肉 200 克,

马蹄 5 个,

干香菇 5 个,

盐 2 克,

姜 10 克,

香葱花 3 克,

干淀粉 6 克,

鸡精 3 克,

生抽 5 克,

芝麻油适量。

做法:

1 干香菇加水泡发;马蹄洗净后削去皮;姜切末。

2 把猪前腿肉的肥肉和瘦肉分开,将肥肉切成细粒,拌上干淀粉(3 克)和芝麻油,待用。把瘦肉、马蹄和香菇一起剁成肉蓉,然后把肉蓉放在碗里,加入肥肉粒、姜末、盐、鸡精、生抽、干淀粉(3 克)和水,顺一个方向搅拌至起胶。

3 把拌好的肉蓉盛到碗或其他适宜蒸制的容器里,待烧开蒸锅里的水之后,把碗移入蒸锅大火隔水蒸 15 分钟,出锅后撒上葱花和芝麻油即成。

营养小贴士

　　猪肉可为机体提供**优质蛋白质**和**必需的脂肪酸**,以蒸的方式来烹饪,可以最大限度地保留营养。

韭菜盒子

原料：

面粉 500 克，

水 250 克，

韭菜 250 克，

虾皮 80 克，

鸡蛋 2 个，

盐 3 克，

花生油适量。

做法：

❶ 将韭菜洗净，切碎。

❷ 用中火加热锅中的油，待烧至六成热时将鸡蛋磕入，转小火慢慢搅炒成鸡蛋碎。将鸡蛋碎、韭菜段和虾皮放入盆中，调入盐混合均匀，调制成馅料。

❸ 把面粉加入水，揉成表面光滑的面团，盖上浸湿的屉布饧30 分钟。

❹ 将面团均匀切成 10 份，擀成方形薄片。把馅分成 10 份，分别放在方形面片上对折成长方体。

❺ 包好后，放入烧热的加有少许花生油的平底锅中，盖上锅盖，中小火煎至两面酥黄。

营养小贴士

韭菜含有丰富的**膳食纤维**，可促进肠道蠕动，适当食用对缓解便秘有一定益处。

蛋煎馄饨

原料：

冷冻馄饨 10 个，

鸡蛋 1 个，

香葱 1 根，

盐少许，

花生油少许。

做法：

① 香葱择洗干净，切碎；鸡蛋磕入碗中打散，加入切碎的香葱、少许盐，搅打匀。

② 小煎锅烧热，淋少许花生油，摆放入馄饨生坯，中小火略煎。

③ 倒入水至 1/2 馄饨的高度，盖上锅盖，煎煮到还剩一薄层水的时候，倒入蛋液。

④ 盖上锅盖，小火将蛋烘熟，装盘。

营养小贴士

这道辅食可以提供较高的能量，既有浓浓的蛋香，又有馄饨的酥脆口感，诱人又可口！

银鱼蛋饼

原料：

面粉 70 克，

新鲜小银鱼 100 克，

鸡蛋 2 个，

牛奶 50 克，

小葱 1 根，

番茄酱、胡椒粉、

盐、花生油各适量。

做法：

❶ 鸡蛋充分打散，倒入牛奶搅打均匀，倒入面粉，彻底拌匀，放入切碎的小葱。

❷ 小银鱼洗净，沥水，倒入面糊中，调入盐和胡椒粉，搅匀。

❸ 不粘锅烧热，淋入花生油抹匀，倒入调好的面糊摊开，小火煎至两面均匀上色呈金黄色，取出切块，搭配番茄酱上桌即可。

营养小贴士

银鱼是极富**钙质**的鱼类，基本没有大鱼刺，且营养丰富，具有**高蛋白、低脂肪**的特点，可增进宝宝的免疫功能。

荠菜猪肉饺

原料：

面粉 500 克，

蛋清 1 个，

猪肉 250 克，

荠菜 100 克，

姜末 3 克，

葱末 10 克，

盐 5 克，

酱油 20 克，

蚝油 10 克，

芝麻油 10 克。

做法：

1 面粉加入冷水和蛋清，揉成光滑面团，加盖保鲜膜饧 20 分钟。

2 将猪肉切丁，加入葱姜末拌匀，倒入酱油和蚝油拌匀，静置 15 分钟。荠菜焯水后切碎，倒入芝麻油和处理过的猪肉丁，加入盐拌匀。

3 饧好的面做成剂子擀成饺子皮，逐个包入适量馅料。

4 锅里加水煮沸，下入饺子煮熟即可。

营养小贴士

荠菜清香鲜美，含有多种**氨基酸**。荠菜是高纤维蔬菜，可使胃肠道清洁。

鱼肉韭菜饺

原料：

饺子皮20个，

鱼肉250克，

韭菜100克，

葱花、姜末各少许，

甜酱、料酒、

盐、芝麻油各适量。

做法：

① 将鱼肉剔除鱼刺，剁成泥状；韭菜洗净，切末。

② 鱼肉泥内放入甜酱、葱花、姜末、料酒、盐、芝麻油、韭菜末，搅拌均匀。

③ 用鱼肉馅包成饺子。

④ 锅置火上，放入适量清水，烧开后放入鱼肉饺子，煮熟，最后稍调味即可。

营养小贴士

　　鱼肉富含**蛋白质**、**维生素**及**磷**、**钙**、**铁**等。鱼肉馅饺子最喜韭菜，它的辛辣味，可使鱼味更鲜。鱼肉宜选刺比较少的海鱼，以免鱼刺卡喉。

11

藕丝饼

原料:

藕 200 克,

糯米粉 100 克,

盐适量,

花生油适量。

做法:

❶ 藕洗净去皮,擦成细丝,用水漂洗干净,捞出沥净水分。

❷ 糯米粉、盐与藕丝混合,搅拌均匀成较稠的糊状。

❸ 平底锅加入少许花生油,中火加热至六成热,用勺子舀起一勺糯米藕丝糊放入锅中,用勺背稍微压平,并整理成圆饼状。

❹ 中小火煎至金黄色,翻至另一面继续煎至金黄色盛出。将所有面糊逐个煎成小饼即可。

营养小贴士

鲜藕含有丰富的**铜、铁、钾、锌、镁和锰**等微量元素,尤其含铁量较高,适合用于预防及辅助治疗缺铁性贫血的食疗。

香煎小鱼饼

原料:

鱼肉 100 克,

鸡蛋 1 个,

牛奶 50 克,

洋葱少许,

花生油、盐、

淀粉各适量。

做法:

❶ 将鱼肉去骨刺,剁成泥;洋葱洗净,切末备用。

❷ 把鱼泥加洋葱末、淀粉、牛奶、鸡蛋、盐搅成有黏性的糊状鱼馅。

❸ 平底锅置火上烧热,加少量花生油,将鱼馅制成小圆饼放入锅里煎熟即可。

营养小贴士

鱼肉营养丰富,肉质细嫩鲜美,是为宝宝补充**维生素、矿物质**的良好食物。加入适量牛奶,可以增加鱼饼的口感。

菜心肉丝面

原料：

龙须面 100 克，

猪里脊 50 克，

油菜心 50 克，

葱花少许，

酱油 10 克，

淀粉 2 克，

芝麻油 2 克，

盐 1 克，

鸡精 1 克，

花生油适量。

做法：

❶ 猪里脊洗净，切丝，用淀粉抓匀。

❷ 锅中放花生油烧热，下葱花煸香，倒入酱油，放适量水烧开，下龙须面煮熟，放肉丝滑散，放油菜心，加盐、鸡精，再煮滚，关火，淋芝麻油即可。

营养小贴士

菜心色泽翠绿，口感脆嫩，含有丰富的**钙和磷**，**维生素 C** 的含量也相对较高。

叉烧面

原料：

拉面 100 克，

叉烧肉 3 片，

高汤 200 克，

青菜 2 棵，

盐 1 克。

做法：

❶ 小煮锅加适量水，大火煮开，放入切碎的青菜叶烫熟捞起。之后下入拉面，煮滚后继续煮约 4 分钟至面熟软，捞起置于大碗中。

❷ 另起小煮锅，倒入高汤大火煮滚，关火，加入盐调味后，倒入面碗中。

❸ 摆入叉烧肉片、烫熟的碎青菜叶即可。

营养小贴士

叉烧肉一般选用猪里脊肉来制作，外脆里嫩且有汁水，别有风味。猪脊肉含有宝宝生长发育所需的丰富的**优质蛋白质、脂肪、维生素**等，而且肉质较嫩，易消化。

鱼面大杂烩

原料：

鱼面（浸泡好）100克，

黑木耳 20克，

胡萝卜 20克，

蒜苗 20克，

洋葱 20克，

生抽、盐、胡椒粉、

花生油、高汤各适量。

做法：

❶ 黑木耳、胡萝卜、蒜苗、洋葱分别洗净，切丝待用。

❷ 油锅置火上，放花生油烧热，放入洋葱丝炒香，再放入蒜苗丝翻炒。

❸ 放入鱼面炒散，加些高汤，放入胡萝卜丝和黑木耳丝，调入生抽、盐和胡椒粉调味即可。

营养小贴士

鱼面是以鱼肉及面粉为主料制作而成的食品，富含人体所需**蛋白质、钙**等多种营养素，清香味美，口感滑嫩。

榨菜肉丝面

原料：

面条 100 克，

瘦肉 50 克，

榨菜丝 20 克，

葱 1 根，

料酒 10 克，

生抽 10 克，

淀粉 5 克，

盐、油、鸡精、

花生油各适量。

做法：

1 瘦肉切丝，加盐、料酒、胡椒粉、生抽、淀粉腌10分钟；葱切葱花。

2 锅内放花生油烧热，先将肉丝炒散，再放入榨菜丝同炒，炒匀后盛出。

3 清水下面，加少许油、盐和鸡精。

4 面条盛入碗内，铺上炒好的榨菜肉丝并撒葱花少许即成。

营养小贴士

榨菜中含有丰富的**胡萝卜素**、维生素和**矿物质**等，以及多种人体必需的**氨基酸**。榨菜是腌制食品，注意不要多食。

洋葱牛肉炒饭

原料：

米饭80克，

洋葱50克，

牛肉50克，

姜末5克，

生抽10克，

料酒各10克，

盐1克，

花生油适量。

做法：

① 洋葱去硬皮，洗净，切丝；牛肉切丁，放入生抽、料酒腌渍5分钟。

② 锅置火上，放花生油烧热，爆香姜末，倒入牛肉丁炒至变色，盛出。

③ 炒锅留底油，放入洋葱丝炒出香味，放入米饭、盐翻炒，再倒入炒好的牛肉丁，翻炒均匀即可。

营养小贴士

牛肉富含**蛋白质**，其**氨基酸**组成比猪肉更接近人体需要，能提高宝宝机体抗病能力，对生长发育中的宝宝有利。

什锦炒饭

原料：

米饭 80 克，

去壳虾仁 30 克，

培根 1 片，

甜玉米粒 25 克，

豌豆 25 克，

盐、花生油各适量。

做法：

①培根切小片；虾仁、豌豆、玉米焯水沥干备用。

②锅里放少许花生油，小火炒至培根出油，直到有些发干时铲出备用。

③米饭倒入油锅中不断翻炒至饭粒分散时，倒入所有食材翻炒均匀，撒盐调味即可。

营养小贴士

　　培根中磷、钾、钠的含量丰富，还含有脂肪、胆固醇、糖类等，但培根属于烟熏肉，宝宝不宜多吃。

香甜水果饭

原料：

香米 60 克，

木瓜 100 克，

水萝卜 2 个，

芹菜粒 10 克，

葡萄干 20 克，

淡奶油 50 克，

白糖 10 克，

白芝麻适量，

牛奶 20 克。

做法：

❶ 将香米淘洗干净，放入电饭煲里蒸熟。

❷ 木瓜洗净，去皮，去籽，切丁；水萝卜洗净切成粒；将葡萄干、芹菜粒、水萝卜粒放入电饭煲内，搅拌均匀，淋入淡奶油、牛奶、白糖、白芝麻拌匀，最后加入木瓜，继续焖 5 分钟即可。

❸ 待饭凉后用小碗当模具装饭，扣在盘子里即可食用。

营养小贴士

这道辅食富含多种维生素。淡奶油和牛奶的加入使这道辅食口味更显浓郁。

翡翠白菜卷

原料：

米饭 100 克，
白菜叶 3 大片，
虾仁 50 克，
胡萝卜 30 克，
黄瓜 30 克，
熟芝麻适量，
甜辣酱适量。

做法：

1. 虾仁去除沙线，焯熟备用；胡萝卜、黄瓜洗净，去皮切丝。

2. 将白菜叶洗净，用沸水余熟；胡萝卜焯熟备用。

3. 将蒸熟的米饭铺在沥干水分后的白菜叶上，涂抹上一层甜辣酱，再撒上些熟芝麻，之后放入黄瓜丝、胡萝卜丝、虾仁卷成卷即可。

营养小贴士

　　白菜中含有丰富的**维生素 C、维生素 E**。秋冬季节的寒风对皮肤伤害较大，多吃些大白菜对宝宝娇嫩的皮肤也有一定的保护效果。

蛋香煎米饼

原料:

米饭100克,
豌豆20克,
玉米粒20克,
火腿30克,
鸡蛋1个,
盐、香葱、
花生油各适量。

做法:

❶ 火腿切丁;玉米粒、豌豆洗净;鸡蛋打入碗中搅散。

❷ 将米饭和玉米粒、豌豆、火腿丁混合,倒入打散的鸡蛋液。调入盐和香葱拌匀。

❸ 平底锅置火上,放花生油烧热,用勺子将米饭放入,略压成饼状,中小火煎至两面焦黄即可。

营养小贴士

这道辅食颜色丰富,谷类、蛋类、蔬菜中含有人体必需的**蛋白质**、**脂肪**、**维生素**及**钙**等营养成分,可以提供宝宝所需的营养及热量。

胡萝卜番茄饭卷

原料:

软米饭50克,

胡萝卜20克,

番茄20克,

奶酪10克,

鸡蛋1个,

葱末10克,

盐0.5克,

花生油适量。

做法:

1 将胡萝卜、番茄切成碎丁;奶酪擦成细丝;鸡蛋打散成蛋液备用。

2 平底锅上放入花生油,油热后倒入蛋液,均匀摇晃锅身做成薄蛋饼。

3 炒锅中放入少许花生油,油热后爆香葱末,再放入米饭和胡萝卜、番茄碎继续翻炒2分钟,撒上奶酪丝,用盐调味后出锅。

4 把炒好的米饭放在蛋饼上,卷成蛋卷后切成段即可。

营养小贴士

胡萝卜和番茄都是 β-胡萝卜素含量丰富的蔬菜,有益于宝宝的视力发育。

豉汁小排饭

原料：

热米饭 80 克，

小排骨 100 克，

蒜 2 瓣，

豆豉 10 克，

料酒 10 克，

酱油 10 克，

淀粉 10 克，

白糖 5 克。

做法：

❶ 将小排骨洗净，剁成小块；蒜去皮，切成末；豆豉切碎。

❷ 将排骨块、蒜末、豆豉放入蒸碗中，加入料酒、酱油、白糖、淀粉调匀，腌 15 分钟，然后上蒸锅大火蒸 30 分钟左右。

❸ 将蒸好的小排骨连同汤汁一起浇在热米饭上即可。

营养小贴士

　　小排骨的肉层比较厚，带有白色软骨。软骨含有**蛋白质、脂肪、维生素**，以及大量**磷酸钙、骨胶原、骨黏蛋白**等，可为幼儿提供钙质，促进幼儿的骨骼生长。

豆豉肉末炒饭

原料：

米饭 80 克，

瘦猪肉末 15 克，

豆豉 15 克，

洋葱碎 15 克，

蒜苗段 10 克，

红甜椒丝 10 克，

盐 1 克，

酱油、胡椒粉、

花生油适量。

做法：

❶ 锅中放花生油烧热，放蒜苗段、肉末及豆豉一起爆炒出香味，放盐、胡椒粉、酱油翻炒，然后盛出备用。

❷ 炒锅内放少许油烧热，下洋葱碎及米饭一起炒匀，将步骤 1 炒好的配菜倒入不断翻炒，待各种滋味充分融合后，盛入盘中，撒上红甜椒丝即可。

营养小贴士

　　豆豉是以黄豆或黑豆为原料，利用微生物发酵而制成的传统调味食品，富含**蛋白质**和人体所需**氨基酸**，香气浓郁，滋味鲜美。

鲅鱼黄豆粥

原料：

大米 50 克，

黄豆 20 克，

罐装鲅鱼 50 克，

豌豆粒、葱花、

姜丝各适量，

盐、胡椒粉各少许。

做法：

1 黄豆洗净，用清水浸泡 12 小时，捞出，用沸水氽烫，除去豆腥味；大米淘洗干净，用清水浸泡 30 分钟；豌豆粒煮熟，备用。

2 锅中放入大米、黄豆、清水，以大火煮沸，再转小火慢煮 1 小时。

3 待粥黏稠时，下入鲅鱼、豌豆粒、盐及胡椒粉，搅拌均匀，撒上葱花、姜丝，出锅装碗即可。

营养小贴士

鲅鱼富含丰富的蛋白质、维生素 A、钙、镁、硒等营养元素，肉质细嫩、味道鲜美。

小米鳝鱼粥

原料：

小米 50 克，

鳝鱼肉 30 克，

胡萝卜 20 克，

生姜 2 克，

盐 1 克。

做法：

❶ 将小米用清水洗净；鳝鱼肉切成粒；生姜、胡萝卜洗净，去皮切粒。

❷ 取瓦煲 1 个，注入适量清水，烧开后下入小米，用小火煲约 20 分钟。

❸ 加入姜米、鳝鱼粒、胡萝卜粒，调入盐，继续煲约 15 分钟即可。

营养小贴士

鳝鱼富含DHA和卵磷脂，它是构成人体各器官组织细胞膜的主要成分，而且是脑细胞不可缺少的营养。

菜肴食谱推荐

胡萝卜烧肉

原料：

五花肉100克，
胡萝卜150克，
姜片、香葱段各适量，
大料3瓣，
料酒、生抽、
老抽各10克，
冰糖1粒，
花生油适量。

做法：

❶ 五花肉切块，放入开水中煮变色，捞出洗净沥干待用；胡萝卜洗净，切块。

❷ 炒锅烧热，放入花生油，转小火放入冰糖煮化，倒入焯过的肉块，翻炒均匀后加入料酒、生抽、老抽炒匀，加入开水，没过肉，烧开。

❸ 放入姜片、葱段、大料，加盖转小火，炖30分钟。

❹ 加入胡萝卜块，翻炒均匀，加盖用小火将胡萝卜炖软，最后加盐调味即可。

营养小贴士

　　五花肉肥瘦相间，脂肪含量相对较高。油脂有助于胡萝卜中所含的 β - 胡萝卜素转化为维生素A。

白萝卜炒牛肉丝

原料：

牛肉100克，

白萝卜100克，

淀粉2克，

生抽2克，

沙茶酱5克，

蚝油5克，

白胡椒粉少许，

蒜2瓣，

姜10克，

盐1克，

花生油适量。

做法：

❶ 将牛肉切成丝，加入淀粉、生抽、沙茶酱、蚝油抓匀，腌制30分钟；白萝卜削皮，切成丝。

❷ 炒锅里放花生油烧热，下白萝卜丝翻炒，加入白胡椒粉，待炒软后盛起。

❸ 炒锅洗净，倒入剩余的油，烧至六成热后放入腌好的牛肉丝，大火快速划散，翻炒至尚有一丝红色，加入开水翻炒均匀盛起浇于白萝卜丝上即可。

营养小贴士

　　牛肉是人体获取**铁**的良好食物来源，白萝卜富含维生素C，两者有助于增强机体的免疫功能，促进铁的吸收。

多彩茭白

原料：

茭白 100 克，

胡萝卜 10 克，

青豆 10 克，

猪里脊肉 10 克，

姜丝、淀粉少许，

高汤 30 克，

生抽 5 克，

盐 1 克，

花生油适量。

做法：

❶ 茭白和胡萝卜洗净、去皮，切成细丝；里脊肉洗净切成细丝，加入盐、生抽和淀粉一起腌制 5 分钟；青豆在热水中煮熟，稍加碾碎。

❷ 炒锅中放入花生油加热，爆香姜丝后放入腌制好的里脊肉翻炒至熟。锅中留底油，倒入茭白、胡萝卜、青豆翻炒 1 分钟。

❸ 在高汤中掺入少许淀粉制作成水淀粉，勾芡后出锅。

营养小贴士

茭白中的**膳食纤维**可以促进人体肠胃的蠕动，促进机体的消化吸收。

孜然土豆

原料：

土豆100克，

孜然5克，

盐1克，

芝麻少许，

花生油适量。

做法：

① 土豆削皮，洗净，切粗条。

② 锅置火上，放适量花生油，油烧热后放入土豆条，用中小火将土豆条翻炒至表面微黄。

③ 放入盐、孜然、芝麻翻炒均匀即可。

营养小贴士

土豆含有大量的**淀粉**，以及**蛋白质、B族维生素、维生素C**等，能促进脾胃的消化功能。

牛蒡炒肉丝

原料：

牛蒡根 100 克，

猪里脊肉 50 克，

鸡蛋 1 个，

大葱 5 克，

姜 3 克，

盐 1 克，

酱油 2 克，

料酒 10 克，

醋 2 克，

玉米淀粉 3 克，

高汤 20 克，

花生油适量。

做法：

①将猪里脊肉洗净切成丝，放入碗中加盐、料酒、蛋液、水淀粉，拌匀入味待用。牛蒡洗净切细丝。葱、姜切末。

②锅置火上倒入花生油，油至五成热时，倒入肉丝炒散，装入盘中。

③锅内留余油，油至七成热时，放葱末、姜末炒出香味，烹入醋、料酒，倒入牛蒡丝、盐翻炒，再加入酱油、高汤、肉丝炒匀，勾薄芡即可出锅食用。

营养小贴士

牛蒡中 β-胡萝卜素的含量比胡萝卜还要高很多倍，蛋白质和钙的含量为根茎类之首。

鸡腿菇炒莴笋

原料：

莴笋 100 克，

干鸡腿菇 50 克，

红甜椒 1 个，

葱 5 克，

姜 5 克，

淀粉、蚝油、盐、

花生油各适量。

做法：

①鸡腿菇洗净，切斜刀片；莴笋去皮，洗净切片；红甜椒去籽，洗净切片。

②锅置火上，放花生油加热，下姜丝爆香，下鸡腿菇、莴笋、红甜椒、葱段翻炒。

③加盐、蚝油炒至入味，用淀粉勾薄芡即可。

营养小贴士

鸡腿菇肉质肥嫩，滑嫩清香，而且含有丰富的**蛋白质、糖类**，以及多种**维生素和矿物质**，尤其适合食欲不振的宝宝食用。

炸洋葱圈

原料：

洋葱 2 个，
干淀粉 30 克，
面粉 30 克，
鸡蛋 1 个，
盐 1 克，
花生油适量。

做法：

❶ 将洋葱切成洋葱圈，去掉筋膜，用凉水浸泡 1 小时。

❷ 将盐、面粉、鸡蛋、适量水搅拌均匀成糊状，备用。

❸ 将洋葱圈先在干淀粉中蘸均匀，再放入调好的面糊中挂糊。

❹ 锅置火上，放花生油烧至六成热，放入洋葱圈，炸至金黄色即可。

营养小贴士

　　新鲜洋葱属于富水蔬菜，含水量在 80% 以上，维生素含量也较高。炸洋葱圈是一种油炸零食，热量很高，脂肪含量也较高，宝宝不适合多吃。

春笋肉片

原料:

春笋150克,

猪肉50克,

姜片10克,

蒜片10克,

盐1克,

胡椒粉1克,

水淀粉15克,

料酒5克,

芝麻油2克,

花生油、高汤各适量。

做法:

❶ 将猪肉洗净,切成片,放入用盐、料酒、水淀粉调成的味汁中拌匀;春笋洗净,切菱形片。

❷ 锅置火上,放花生油加热,下蒜片、姜片炒香,再加入腌好的猪肉片、高汤,炒至将熟,放入春笋片、芝麻油、胡椒粉炒熟,收汁即可。

营养小贴士

春笋味道清淡鲜嫩,含有充足的水分、丰富的**植物蛋白**以及**钙、磷、铁**等人体必需的营养成分,特别是膳食纤维含量很高,常食有助消化。

油焖冬笋

原料：

冬笋 3 根，

香葱 1 根，

姜 2 片，

白糖 15 克，

料酒 10 克，

老抽 10 克，

生抽 5 克，

花生油适量。

做法：

❶ 冬笋剥去笋衣，切成滚刀块，放入开水中焯煮 2 分钟；香葱洗净后切成葱花。

❷ 炒锅内加花生油大火烧至七成热，放入姜片爆香，倒入笋块煸炒至表面微焦，调入料酒、老抽、生抽和白糖翻炒几下，盖上锅盖转中小火焖 5 分钟。

❸ 打开锅盖，大火翻炒收汁，出锅前撒入葱花即可。

营养小贴士

冬笋含有蛋白质和多种**氨基酸**、**维生素**，以及**钙**、**磷**、**铁**等，还有丰富的**膳食纤维**，能促进肠道蠕动，有助于消化。

豆芽香芹

原料：

绿豆芽150克，

香芹100克，

醋5克，

白糖5克，

盐适量。

做法：

❶绿豆芽择洗干净，掐去两头，留中间白梗待用。

❷香芹去掉老叶，洗净，切成寸段。

❸把香芹、绿豆芽焯熟后过凉开水，然后加入白糖、醋、盐拌匀即可。

营养小贴士

豆芽中含有丰富的**维生素C**和**膳食纤维**。香芹是一种营养成分很高的芳香蔬菜，其中以**β-胡萝卜素**及微量元素硒的含量较一般蔬菜高。

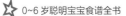
韭黄炒鸡蛋

原料:

韭黄 200 克,

鸡蛋 2 个,

盐适量,

花生油适量。

做法:

① 鸡蛋去壳,放入碗里搅散,加盐调味。

② 锅置火上,倒入花生油,烧热后倒入搅散的鸡蛋液炒好,用铲子切小块装盘。

③ 锅中倒花生油烧热,下韭黄快速翻炒,再倒入炒好的鸡蛋,翻炒 2 分钟,加盐调味出锅。

营养小贴士

韭菜有丰富的**膳食纤维**和**硫化物**,鸡蛋能够提供较多的**优质蛋白质**,二者的营养可相互取长补短。

熘鱼片

原料：

鲜鱼1尾，

冬笋100克，

番茄1个，

鸡蛋清1个，

盐2克，

胡椒粉1克，

干淀粉50克，

水淀粉50克，

料酒15克，

姜、蒜、葱各15克，

花生油、高汤各适量。

做法：

①姜、蒜切片；葱白切马耳朵形；冬笋去粗皮切薄片；番茄用开水烫过去皮、去籽，切片；蛋清加干淀粉调成蛋清糊。

②鲜鱼整理干净后，取净肉，斜片成片，盛碗内加盐（1.5克）、料酒（10克）、蛋清糊拌匀。另取一个碗，放盐（0.5克）、胡椒粉、料酒、水淀粉（50克）及高汤对成滋汁。

③炒锅置旺火上，放花生油烧至五成热，下鱼片轻轻滑散捞起；锅中留底油烧热，下冬笋、姜、葱、蒜、番茄炒熟；再下鱼片合炒几下，烹滋汁，汁浓起锅。

营养小贴士

这道辅食含有宝宝生长发育所需的丰富的**优质蛋白质**，由于搭配了冬笋和番茄，也具有了丰富的维生素。

凉拌苋菜

原料：

苋菜 200 克，

芝麻少许，

蒜 4 瓣，

盐 1 克，

生抽、芝麻油适量。

做法：

① 将苋菜洗净，切段，入开水中焯烫后捞出过凉开水；蒜切末。

② 苋菜装盘，加蒜末、生抽、盐、芝麻油拌匀，撒少许芝麻即可。

营养小贴士

　　苋菜叶富含易被人体吸收的钙质，对牙齿和骨骼的生长可起到促进作用。苋菜中**铁**、**钙**的含量比菠菜高，为鲜蔬菜中的佼佼者，能促进小儿的生长发育。

肉丝豆腐干蒜薹

原料：

蒜薹 200 克，

猪肉 50 克，

香干豆腐 30 克，

姜 10 克，

生抽、盐、

花生油各适量。

做法：

❶ 猪肉洗净切丝，蒜薹择洗好，切成 3 厘米长的段，豆腐干切成丝。

❷ 锅置火上，放花生油烧热，下蒜薹翻炒，再放入姜丝、肉丝、生抽同炒，炒熟盛出。

❸ 油锅烧热，放入豆腐丝炒几下，再将已炒好的肉丝、蒜薹放入，加盐炒熟盛盘。

营养小贴士

蒜薹含有丰富的**维生素 C**，其外皮中**膳食纤维**含量很高。另外，蒜薹还具有杀菌作用。

腊味炒芥蓝

原料：

芥蓝 200 克，

广式腊肠 50 克，

生抽 5 克，

胡椒粉 2 克，

盐 2 克，

芝麻油 2 克，

水淀粉 20 克，

姜 5 克，

葱 10 克，

花生油适量。

做法：

❶ 芥蓝洗净摘去老叶，斜切成片；腊肠切片；姜切成米粒大小；葱切丝；水淀粉和生抽、盐、胡椒粉调成芡汁。

❷ 把芥蓝放入沸水中焯烫，叶子变软时捞起沥干水。

❸ 锅置火上，放花生油，大火烧至六成热，下姜葱爆香，然后再放腊肠片翻炒一会，加入芥蓝炒匀，下芡汁勾芡，淋上少许芝麻油即可。

营养小贴士

芥蓝含有大量**膳食纤维**，能防止便秘。

西蓝花里脊木耳炒鸡蛋

原料：

西蓝花 200 克，

里脊肉 50 克，

鸡蛋 2 个，

泡发木耳 50 克，

生抽 10 克，

料酒 10 克，

淀粉 5 克，

葱花 10 克，

花生油、盐各适量，

芝麻油少许。

做法：

❶ 泡发木耳洗净，撕成小朵；西蓝花洗净，沥水，掰成小朵；里脊肉切片，加料酒、生抽、淀粉抓匀，腌制；鸡蛋打散，加入少许盐充分搅匀。

❷ 锅置火上，放花生油烧热，倒入蛋液，大火快速炒至八成熟，盛出。锅底补充适量油，烧热后倒入肉片，快速炒开，见肉片变色时加入葱花炒香。淋入料酒、生抽，炒匀。倒入西蓝花、木耳，调入适量盐，翻炒 2 分钟。

❸ 最后倒入炒好的鸡蛋，滴少许芝麻油翻炒均匀起锅即可。

营养小贴士

这道辅食色彩鲜艳，营养丰富，对增强宝宝体质，提高抗病能力有一定作用。

雪菜炒豆干

原料：

雪菜 250 克，

豆干 100 克，

胡萝卜 50 克，

姜丝、香菜各少许，

酱油 5 克，

花生油适量。

做法：

❶ 雪菜洗净，切碎；胡萝卜、豆干切粒，分别余烫，沥水。

❷ 锅置火上，放花生油烧热，下姜丝爆香，放入雪菜、胡萝卜煸炒，放入豆干、酱油，翻炒均匀即可。

营养小贴士

雪菜含有大量的**维生素 C** 和**膳食纤维**。豆腐干中含有丰富的**蛋白质**，而且豆腐蛋白属完全蛋白，含有人体必需的 8 种**氨基酸**，其比例也接近人体需要，营养价值较高。

茄汁西蓝花虾仁烩

原料：

虾仁 6 个，

西蓝花 200 克，

番茄 1 个，

花生油、盐各适量。

做法：

❶ 番茄洗净，去蒂、皮，切成小块，与洗净的虾仁混合备用。

❷ 西蓝花洗净，在沸水中焯熟，而后切成小块。

❸ 锅置火上，放花生油烧热，放入番茄、虾仁炒至颜色发白。

❹ 锅中放入西蓝花，加盐调味，炒匀，炒至汤汁浓稠即可。

营养小贴士

西蓝花含有丰富的**钙、钾、镁**和**维生素 C**，虾仁富含优质**蛋白质、硒**等营养素，番茄富含 β - **胡萝卜素**和**维生素 C**。

蟹味菇炒小油菜

原料：

蟹味菇 200 克，
小油菜 100 克，
姜 3 片，
蒜 2 瓣，
盐 1 克，
蚝油 5 克，
花生油适量。

做法：

❶ 小油菜洗净，对半切开；蟹味菇去根洗净；姜、蒜分别切成末。

❷ 锅置火上，放花生油烧热，放入切好的姜、蒜末，小火炒香，放入蟹味菇，翻炒均匀，再倒入蚝油，翻炒 3 分钟，放入小油菜，大火翻炒 1 ~ 2 分钟，加盐调味即可出锅。

营养小贴士

蟹味菇含有丰富的**维生素**和**氨基酸**，其赖氨酸、精氨酸的含量高于一般菇类，有助于益智增高。

紫甘蓝滑蛋

原料:

紫甘蓝 150 克,

鸡蛋 2 个,

生姜 10 克,

葱 10 克,

胡椒粉少许,

芝麻油少许,

花生油适量。

做法:

❶ 将紫甘蓝切成丝,洗净沥干;生姜切成丝;葱切花。

❷ 鸡蛋打散成蛋液,加入葱花、少许盐、胡椒粉、几滴芝麻油搅拌均匀。

❸ 锅置火上,放花生油烧热,放入紫甘蓝与姜丝,大火翻炒 3 分钟左右,如感觉太干可洒入少许的水,加入适量的盐将其炒匀,再放入葱花炒匀后将其舀入盘中。

❹ 将锅洗净后置于火上,烧热后放入适量的油,倒入鸡蛋液,快速划炒成小块状,舀出放入紫甘蓝中间。

营养小贴士

紫甘蓝含有丰富的**维生素 C**、较多的**维生素 E** 和 **B 族维生素**,以及丰富的**花青素苷**和**膳食纤维**等。

荷兰豆炒腊肠

原料:

荷兰豆200克,

腊肠1根,

蒜5瓣,

盐1克,

鸡精1克,

花生油适量。

做法:

❶ 荷兰豆去头抽丝洗净;蒜剁成泥备用;腊肠切片备用。

❷ 锅置火上,放花生油烧热,下蒜泥爆香。

❸ 加入腊肠不停翻炒,爆出香味。

❹ 倒入荷兰豆翻炒至断生,撒上盐和鸡精即可。

营养小贴士

荷兰豆是富含水分的蔬菜,质嫩清香,富含**蛋白质**,同时也是铁的上好来源。

姜汁豇豆

原料：

豇豆 250 克，

姜 30 克，

盐 2 克，

醋 20 克，

芝麻油 10 克。

做法：

❶ 姜刮皮洗净，切成细末，放入碗内加盐（1 克）、醋浸泡待用。

❷ 豇豆在开水中煮熟捞起，趁热加盐 1 克拌抹均匀；晾冷后，切成长 8 厘米的段，整齐地摆于盘中。

❸ 在泡姜的碗内加入芝麻油调匀，淋在豇豆上即成。

营养小贴士

豇豆提供了易于消化吸收的优质**蛋白质**，适量的**糖类**及多种**维生素**、**微量元素**等，可补充宝宝机体所需营养素。

姜汁鸡

原料：

熟鸡肉 300 克，
葱 15 克，
姜 30 克，
盐 1 克，
水淀粉 30 克，
酱油 15 克，
醋 20 克，
花生油适量，
高汤适量。

做法：

①将熟鸡肉，砍成 2.5 厘米见方的块；姜剁成细米；葱切细花。

②热锅倒花生油，烧至七成热时，把鸡块、姜米、葱花（用一半）放入锅内煵约 1 分钟；再加盐、酱油、高汤一起焖烧 5 分钟左右，然后下水淀粉收浓滋汁。临起锅时下醋及葱花和匀入盘即成。

营养小贴士

生姜含有辛辣和芳香成分，其所含姜辣素等成分具有促进消化液分泌的作用。

金钩蚕豆

原料：

新鲜嫩蚕豆200克，

金钩（干虾仁）30克，

盐2克，

水淀粉10克，

鸡汤200克，

芝麻油5克，

花生油适量。

做法：

①将嫩蚕豆去壳入沸水锅中汆透捞出，漂入冷水中。金钩洗净，除去杂质，用沸水泡胀。

②锅置火上，放花生油烧热，捞出金钩沥干水入锅略炒，加入泡金钩的汁、蚕豆、鸡汤、盐烧入味，用水淀粉勾薄芡，淋鸡油起锅装盘即成。

营养小贴士

　　蚕豆营养极其丰富，是食用豆类中仅次于大豆的高蛋白蔬菜，含有人体必需的8种**氨基酸**。

玫瑰茄饼

原料：

鲜茄子 250 克，
面粉 15 克，
鸡蛋 1 个，
蜜玫瑰 10 克，
干淀粉 80 克，
白糖 80 克，
花生油适量。

做法：

❶ 茄子去蒂、去皮，切成厚 1 厘米的火夹片；蜜玫瑰剁细，加白糖 50 克、花生油、面粉揉匀做馅；鸡蛋打入碗内，加干淀粉调成全蛋糊。

❷ 将馅填入茄夹，按平。

❸ 锅置旺火上，放花生油烧至七成热，逐个将茄夹放入全蛋糊内裹匀，入锅，待全部炸至呈金黄色时捞起，沥干油，装盘内。

❺ 锅洗净，掺清水、白糖 30 克，熬成较稠的糖汁，浇茄馅上即成。

营养小贴士

茄子营养丰富，其中维生素 P 的含量很高，维生素 P 可以促进宝宝对维生素 C 的吸收。挂糊上浆可以减少因油炸而造成的维生素 P 的损失。

红烧茄子

原料：

长条茄子 2 个，

青甜椒 1 个，

番茄 1 个，

蒜 5 瓣，

盐、花生油各适量。

做法：

❶ 茄子洗净切滚刀块；青甜椒洗净去子切片；番茄洗净切滚刀块；蒜瓣一半切片一半切末。

❷ 锅置火上，放花生油烧热，放入蒜片爆香，加入茄子中火炒至茄子变色、变软。

❸ 加入青甜椒、番茄翻炒，调入适量的盐，大火翻炒均匀，出锅前撒上蒜末即可。

营养小贴士

这道辅食含有丰富的维生素 C、β - 胡萝卜素及 B 族维生素。茄子软嫩，加上番茄的酸甜，很适合下饭。

荷塘小炒

原料：

莲藕100克，

山药50克，

荷兰豆50克，

胡萝卜50克，

水发木耳50克，

葱10克，

姜2片，

盐2克，

水淀粉10克，

花生油适量。

做法：

❶ 莲藕和胡萝卜去皮，洗净，切成片；水发木耳洗净，用手撕成小块；山药去皮切成片；荷兰豆择洗干净；葱、姜切碎。

❷ 锅中放水烧开，加入少量的盐和油，下入胡萝卜和莲藕片，再下入山药和荷兰豆，最后下入木耳焯水1分钟，捞出过冷水，沥干水分。

❸ 锅置火上，放花生油烧热，爆香葱姜碎，下入焯水的所以食材快速翻炒，勾入薄芡，加入盐、鸡精调味即可。

营养小贴士

这道菜富含**维生素**，开胃又爽脆，无论是在色泽、营养还是口味上都很丰富。

炒鳝丝

原料：

黄鳝2条，

青甜椒半个，

红甜椒半个，

洋葱1个，

姜5克，

料酒、酱油、

水淀粉、盐、

花生油各适量。

做法：

❶ 黄鳝处理干净划成鳝丝，加料酒和淀粉上浆；青甜椒、红甜椒、洋葱、姜分别切丝备用。

❷ 锅置火上，放花生油烧热，倒入鳝丝滑炒，变色后捞出。

❸ 锅中留底油，下入姜丝炒香。

❹ 倒入青甜椒丝、红甜椒丝、洋葱丝炒出香味，再放入鳝鱼丝翻炒，加入料酒、盐、酱油翻炒均匀即可。

营养小贴士

鳝鱼含丰富的**维生素A**，能增进宝宝视力，促进皮膜的新陈代谢。

干烧小黄鱼

原料:

小黄鱼 400 克,
猪五花肉 50 克,
春笋 50 克,
葱段、姜片、
蒜片各 5 克,
料酒 20 克,
酱油 25 克,
豆瓣酱、白糖、
米醋各 10 克,
花生油适量。

做法:

❶ 小黄鱼去鳞、鳃和内脏,洗净,在两侧剞一字斜刀,加料酒和酱油腌渍备用;猪五花肉切成小丁;春笋洗净,切片。

❷ 锅置火上,加花生油烧热,将小黄鱼炸至两面呈金黄色,倒入漏勺内沥油。

❸ 原锅留少许底油烧热,放猪肉丁炒至吐油,加葱段、姜片、蒜片、豆瓣酱炒出香味,放料酒、酱油、白糖、米醋和适量清水烧沸。

❹ 下小黄鱼和春笋片,小火烧约 15 分钟,旺火烧至汁干油亮且鱼肉入味。

营养小贴士

黄鱼含有丰富的**蛋白质**、**微量元素**和**维生素**。

蒜蓉炒盐酥虾

原料:

海虾 250 克,
蒜 2 瓣,
香葱 2 根,
鸡精 1 克,
白胡椒粉 1 克,
盐 2 克,
花生油适量。

做法:

❶ 香葱择洗干净,切成葱花;蒜切成蒜碎。

❷ 海虾挑去沙线,去掉须、脚,洗净,用刀从虾背对半切开(不要切断)。

❸ 锅置火上,放花生油,中火烧至六成热,放入虾炸酥,捞出,沥干油分。

❹ 锅中留下底油烧热,放入葱花、蒜碎爆香,放入炸过的虾、鸡精、盐、白胡椒粉翻炒均匀即可。

营养小贴士

海虾含**蛋白质**、**脂肪**、**维生素 A**、**B 族维生素**和**烟酸**、**钙**、**磷**、**铁**等成分。

香菇烧油豆腐

原料：

油豆腐 250 克，
干香菇 5 朵，
菜心 3 朵，
蒜末 5 克，
盐 1 克，
蚝油 5 克，
生抽 5 克，
花生油适量，
芝麻油少许。

做法：

① 干香菇泡发，洗净切块；菜心入沸水中焯烫 10 秒钟捞出；油豆腐一切为二。

② 锅置火上，放花生油烧热，爆香蒜末，加香菇、油豆腐翻炒片刻，加生抽和少量清水略焖一会，让油豆腐入味，加蚝油调味，放入菜心翻炒均匀，加盐和芝麻油调味即可。

营养小贴士

　　油豆腐富含优质蛋白质、多种**氨基酸**、**不饱和脂肪酸**及**磷脂**等，铁、钙的含量也很高。油豆腐相对于其他豆制品不易消化，经常消化不良、胃肠功能较弱的宝宝慎食。

夹沙香蕉

原料:

香蕉 2 根,

豆沙 50 克,

面粉 200 克,

发酵粉 4 克,

淀粉、花生油适量。

做法:

①将香蕉去皮,每根香蕉切成三段,把每段对半切成两半,在每一半的中间挖出凹槽,酿入豆沙,然后两半合成一段裹上淀粉备用。

②将面粉放在容器中,加入适量清水调匀,再放入适量油和发酵粉搅匀,制成细滑的面糊。

③锅置火上,放入花生油烧热,把裹好淀粉的香蕉段蘸匀面糊,逐段放入热油中炸至金黄色,捞出沥油装盘。

营养小贴士

香蕉中含有被称为"智慧之盐"的**磷**,以及丰富的**蛋白质、糖类、钾、维生素 A 和维生素 C**,同时**膳食纤维**也很多。

西芹木耳

原料:

西芹 200 克,

黑木耳 200 克,

红甜椒半个,

盐 2 克。

做法:

❶ 将西芹择洗干净,切成片;黑木耳加温水泡发后,洗净,撕成小朵;红甜椒洗净后,去蒂及籽,切成片。

❷ 锅置火上,放花生油烧热,下西芹片、黑木耳、红甜椒片翻炒均匀,加盐调味,起锅装盘即成。

营养小贴士

黑木耳含有多种**维生素**及**矿物质**,其中尤以铁的含量最为丰富。西芹也是含**铁**量较高的叶类蔬菜。

芝麻豆腐

原料：

嫩豆腐 300 克，

牛肉 50 克，

蒜薹 50 克，

白芝麻 10 克，

花椒粉 1 克，

盐 1 克，

水淀粉 30 克，

酱油 10 克，

花生油、高汤各适量。

做法：

❶ 豆腐切成 1 厘米见方的小丁，下水略焯；牛肉剁成末；蒜薹切成小段。

❷ 炒锅置火上，放花生油烧热，下牛肉末炒散，至颜色发黄时，加盐、酱油同炒，依次下入高汤、豆腐块、蒜薹段，用水淀粉勾芡，浇少许熟油，出锅装盘，撒上芝麻即成。

营养小贴士

豆腐含有丰富的**蛋白质和钙**，是宝宝补钙的良好食材，有利于宝宝骨骼和牙齿发育。芝麻中**钙、磷、钾**的含量也比较高。

鳕鱼菜饼

原料：

鳕鱼 100 克，

奶油生菜 50 克，

鸡蛋 1 个，

盐 1 克，

花生油适量。

做法：

① 奶油生菜清洗干净，沥去水分，切成碎末。鸡蛋煮熟后，取蛋黄压成泥。

② 鳕鱼清洗干净，切成厚片，撒上盐腌 5 分钟，摆入烤盘。

③ 烤箱预热 180℃，将烤盘放入烤箱中，上下火烘烤 15 分钟。

④ 锅置火上，加花生油烧热，放入生菜末、蛋黄泥，翻炒均匀。

⑤ 将炒好的蛋黄泥盖在烤好的鳕鱼片上即可。

营养小贴士

鳕鱼是鱼类中**蛋白质高、脂肪低**的优质品种。其 DHA 含量很丰富，对于宝宝的智力发育和视力发育有至关重要的作用。

核桃炒鱼丁

原料：

鲤鱼肉150克，

核桃仁5个，

花生油、葱花、

姜末、料酒、

盐、酱油各适量。

做法：

① 核桃仁用刀背拍碎。

② 鲤鱼肉洗净，去皮、去骨、去刺，切成丁，用开水焯后，捞出沥干。

③ 锅置火上，加花生油，烧至五成热时，放入葱花、姜末、料酒、酱油，炒出香味时，放入鲤鱼丁、核桃仁碎，大火翻炒，放入盐，炒匀即可。

营养小贴士

……桃仁含有丰富的营养素，**蛋白质**、脂肪含量较高，并含有人体必需的**钙**、**磷**、**铁**等，以及**胡萝卜素**、**核黄素**等多种维生素，对人体有益。

冷汁牛肉

原料：

净瘦牛肉 300 克，

姜 15 克，

葱 15 克，

盐 0.5 克，

白糖 15 克，

酱油 15 克，

料酒 20 克，

芝麻油 5 克。

做法：

❶ 姜拍破；葱切段；牛肉洗净，切成 3 厘米长、2 厘米宽的薄片。

❷ 锅内放牛肉，加盐、酱油、料酒、白糖、姜、葱等；倒入清水（淹过牛肉 3 厘米）放旺火上烧开后，改用小火慢煨。

❸ 煨至牛肉软烂，汁水将干时，加芝麻油和匀即可。

营养小贴士

　　牛肉富含**优质蛋白质**、**铁**、**锌**等，有利于提高宝宝的抵抗力。

金针肥牛

原料：

肥牛 200 克，

金针菇 150 克，

郫县豆瓣酱 10 克，

鸡精 1 克，

蒜末 5 克，

葱花 3 克，

五香粉少许，

花生油适量。

做法：

❶ 金针菇去根洗净。

❷ 锅置火上，放入花生油，放入郫县豆瓣酱、蒜末小火炒香，加适量清水，煮开后加入金针菇和五香粉。

❸ 水沸后放入肥牛，用筷子迅速划散，肥牛变色后，放鸡精、葱花即可。

营养小贴士

　　肥牛是经过排酸处理后切成薄片的涮食食材，其所含**优质蛋白质**、**铁**、**锌**、**钙及 B 族维生素**更利于人体吸收。

葱爆羊肉

原料：

羊肉 300 克，

大葱 2 棵，

蒜碎 2 克，

香菜 2 根，

花椒粉 3 克，

生抽 10 克，

料酒 10 克，

干淀粉 10 克，

香醋 5 克，

盐 1 克，

花生油适量。

做法：

❶ 将羊肉用温水洗去血污，放入冰箱中，冷冻至半硬后逆纹切成大薄片放入碗中，调入花椒粉、生抽和淀粉，搅拌均匀后腌制 10 分钟。

❷ 大葱去皮、根，洗净，切成长斜丝；香菜择洗干净，切小段。

❸ 锅置火上，放入花生油，中火烧至七成热时将腌好的羊肉片放入，大火快速划散，待表面变色，捞出沥干油分待用。

❹ 锅中留底油，烧热后将蒜碎和大葱丝放入爆香，放入羊肉片，再调入料酒、香醋和盐，大火翻炒片刻即可。

营养小贴士

　　羊肉肉质细嫩易消化，含有丰富的**蛋白质**、**脂肪**和**维生素**。秋冬季节吃羊肉，能抵御风寒。

豉汁排骨

原料：

嫩猪排 400 克，

永川豆豉 40 克，

姜块 5 克，

蒜瓣 5 克，

葱花 5 克，

生抽 10 克，

盐 2 克，

红甜椒丝 5 克，

淀粉、花生油、

芝麻油各适量。

做法：

❶ 嫩猪排用清水洗净，剁成约 2 厘米的块备用；将永川豆豉、姜块和蒜瓣剁成碎粒，加生抽、盐调匀，再加淀粉和少许清水拌成浓糊。

❷ 将加工好的猪排和调料糊充分拌匀，平放盘内，把红甜椒丝，撒在排骨块上，再淋上花生油。

❸ 把排骨放入蒸锅内，用旺火沸水蒸至熟透，取出撒上葱花，淋上芝麻油即可。

营养小贴士

　　猪排骨提供人体生理活动必需的优质**蛋白质**、**脂肪**，尤其是丰富的**钙**可维护宝宝骨骼健康。

酸萝卜老鸭汤

原料：

老鸭 1/4 只，

泡萝卜 100 克，

姜片 2 克，

葱段 5 克，

泡菜水 10 克，

盐 1 克，

料酒 5 克，

胡椒粉少许，

鸡精 1 克，

花生油、

高汤适量。

做法：

① 将鸭子收拾干净，斩成块；泡萝卜切成条。

② 炒锅烧热，放花生油烧至五成热，将姜片、葱段炒香，再把鸭肉块放入锅中，中火煸炒。

③ 加入高汤没过鸭子，烧开后撇去浮沫，加入胡椒粉、盐、料酒，小火慢慢焖煮。

④ 当鸭肉变软但又还没烂时，加入泡萝卜条，倒入泡菜水，煮到鸭肉软烂入味，加入鸡精即可。

营养小贴士

鸭肉的营养价值很高，**蛋白质含量比畜肉高得多**，所含 **B 族维生素和维生素 E** 也较其他肉类多。

麻油猪肝

原料：

鲜猪肝 100 克，
葱花 5 克，
老姜 20 克，
盐 1 克，
鸡精 2 克，
黄酒适量，
淀粉 15 克，
芝麻油 20 克。

做法：

❶ 猪肝用流动的水清洗干净，沥干水分，切片，加入少许黄酒、干淀粉、鸡精，抓拌均匀；老姜洗净，连皮斜切成大片。

❷ 将芝麻油倒入炒锅中，以中火烧至六成热，放入姜片爆香，炒至姜片周边变成褐色。

❸ 放入猪肝，转大火，调入剩余的黄酒，翻炒均匀至猪肝成灰褐色且看不到血丝，加入盐、葱花调味即可。

营养小贴士

猪肝的营养较猪肉丰富，**蛋白质**含量很高，所含**氨基酸**与人体接近，易被宝宝吸收。

腰花木耳笋片汤

原料：

猪腰1个，

水发木耳50克，

笋片50克，

葱半根，

盐、鸡精、

胡椒粉各适量。

做法：

❶ 猪腰去除干净白色经络，洗净切片，泡水备用；木耳去蒂，洗净切片；葱洗净切段。

❷ 起锅烧水，把猪腰片、木耳、笋片分别入沸水中氽烫至熟后，捞出盛入碗内。

❸ 继续煮沸第二步中的汤汁，加入葱段及调味料，再将烧滚的汤汁浇在盛猪腰片、木耳、竹笋的碗内即成。

营养小贴士

猪腰含有**蛋白质**、**脂肪**、**糖类**、**钙**、**磷**、**铁**和维生素等。

豆芽蛤蜊冬瓜汤

原料：

鲜蛤蜊肉 100 克，
绿豆芽 200 克，
豆腐 100 克，
冬瓜 200 克，
酱油、盐、
花生油各适量。

做法：

❶ 绿豆芽择洗干净，掐去根部，备用；冬瓜洗净（留皮），切块；蛤蜊肉洗净；豆腐洗净切块，备用。

❷ 锅内加入适量清水，把冬瓜块、蛤蜊肉倒入锅内，先用大火煮沸，再用温火煲大约半小时。

❸ 锅置火上，放花生油烧热，下豆腐块稍煎香，与绿豆芽一起放入冬瓜汤内，煮沸，加入盐、酱油，熟后盛出即可。

营养小贴士

这道汤口感清淡，味道鲜美，含有丰富的**蛋白质、钙、铁**等，具有清火的作用。

鸡汤肉末白菜卷

原料：

猪肉末 100 克，
香菇 2 朵，
胡萝卜 1/2 根，
圆白菜叶 1/2 片，
鸡汤、盐、
淀粉各适量。

做法：

❶ 圆白菜叶洗净，放入沸水中煮软；胡萝卜洗净、去皮、切碎，香菇洗净后也切碎。

❷ 猪肉末与胡萝卜碎、香菇碎混合后，加入少许盐，搅匀成馅备用。

❸ 将馅放在圆白菜叶中间，再将圆白菜卷起，放入蒸锅蒸熟。

❹ 鸡汤和淀粉混匀在锅中煮开做成芡汁，浇到蒸熟的圆白菜卷上即可。

营养小贴士

这道辅食含有宝宝生长发育所需的优质**蛋白质**、**脂肪**、**钙**、**铁**和多种**维生素**。

第四章

3～6岁宝宝的喂养

形美色香,
留给宝宝童年的味道记忆

喂养知识问答

如何合理安排3～6岁宝宝的膳食？

3～6岁年龄段的宝宝和2～3岁宝宝的饮食原则是一样的，每天要安排3次正餐，也即早餐、午餐、晚餐。在三餐的基础上，可安排两次加餐，以安排在上下午最好，如若晚餐吃得比较早，可于睡前两小时再安排一次加餐。

正餐应注意营养平衡，饭菜样式上，可与成人餐大体相同。加餐的分量宜少，以避免对正餐造成影响；样式上，应以奶类、水果为主，并配以少量松软的面点。若是晚间有加餐，应避免进食甜食，以预防龋齿的发生。

3～6岁宝宝各类食物每天建议摄入量（克/天）

谷类	100～150
薯类	适量
蔬菜	150～200
水果	150～250
肉禽鱼	50～75
蛋类	50
大豆	10～20
坚果	—
乳制品	350～500
食用油	20～25
食盐	<3

——《中国妇幼人群膳食指南（2016）》

如何安排宝宝的一日三餐？

现在正是宝宝养成良好饮食习惯的阶段，这就要求家长处处以身作则。宝宝一日三餐的时间应相对固定，既要做到定时，也要做到定量，进餐时应细嚼慢咽。要将每天建议摄入量合理分配到宝宝的三餐中，一般来说，早餐提供的能量应占全天总能量的 25% ~ 30%，午餐占到 30% ~ 40%，晚餐占到 30% ~ 35%。

说到早餐，家长们往往会忽视自己的早餐，连带宝宝的早餐也忽视了。早餐要做到品种丰富，保证营养质量。一顿优质的早餐至少应包括下面列举种类中的三类及以上的食物。

谷薯类：富含能量的谷类及薯类食物，如米饭、米线、馒头、花卷和面包等。

肉蛋类：富含优质蛋白的鱼禽肉蛋等食物，如猪肉、鸡肉、牛肉、蛋类等。

奶豆类：豆类及其制品、奶类及其制品，如豆浆、豆腐脑和牛奶、酸奶等。

蔬果类：新鲜的蔬菜水果，如西蓝花、菠菜、番茄、黄瓜和苹果、香蕉、梨等。

在一天中，午餐起着承上启下的作用，要求吃饱吃好，最好家人亲自给宝宝做饭，少点快餐，快餐固然便捷好吃，但那是有代价的，因为快餐往往高盐、高糖或高脂肪。

一般来说，家庭中的晚餐往往比较丰盛，进食的时间也较长，因此需要注意宝宝适量进食，清淡饮食。

如何保证钙和铁的充足摄入？

钙与铁对处于生长阶段的宝宝来说是很重要的营养素，关于这两种营养素的补充，商家的广告即使做不到铺天盖地，也可以说是见缝插针了。那么，如何做，才能在日常饮食中摄入充足的钙和铁呢？

奶及奶制品和大豆及其制品富含钙质，应经常吃，同时要经常吃富含维生素 D 的食物，以促进钙的吸收和利用。而且要让宝宝多到室外活动，接受适当的光照，以促进皮肤合成维生素 D。

各类瘦肉富含铁质，要经常吃，同时搭配富含维生素 C 的食物，如新鲜的蔬菜和水果，以促进铁在体内的吸收和利用。

如何让宝宝参与家庭食物的选择和制作？

鼓励宝宝参与家庭食物的选择和制作，对宝宝增加对食物的认知，增加对食物的认同和喜爱，减少对某些食物的偏见有着重要作用。这样，就可以在一定程度上避免宝宝养成偏食的习惯，同时懂得爱惜食物。

家长可带宝宝到市场选购食物，帮助宝宝辨识应季的蔬菜和水果，并让宝宝尝试选购蔬果。

节假日，可带宝宝去郊区或农村认识农作物，或者简单地实践农作物的生产过程，并亲自动手采摘蔬菜和水果，激发孩子对食物的兴趣，享受劳动成果。

制作家庭膳食时，可让宝宝在一旁观察，家长给宝宝讲解做饭的过程，要注意的是，一定要让宝宝远离做饭时产生的油烟。还可以让宝宝参与一些力所能及的加工活动，如择芹菜、韭菜，洗番茄、黄瓜、茄子等，让其体会参与的乐趣。

芝麻红薯饼

原料:

红薯 500 克,

面粉 50 克,

糯米粉 50 克,

黑芝麻 50 克,

白糖 50 克,

花生油适量。

做法:

❶ 将红薯洗净削皮后,大火上锅蒸熟,放在碗中,用勺子压扁成泥。

❷ 把糯米粉、面粉和适量清水一起倒入碗中,揉搓成面团。

❸ 取干净炒锅,小火将黑芝麻焙出香味,然后用擀面杖压碎。

❹ 在黑芝麻中加入白糖、适量花生油混合拌匀,调成馅。

❺ 把红薯面团均匀分成小块,压扁成面皮,将馅包进去,然后逐个压扁。

❻ 锅中放入剩下的花生油,烧至七成热,将红薯饼放进去煎至两面焦黄即可。

营养小贴士

这道辅食软糯香甜,含有丰富的**淀粉、膳食纤维、维生素和微量元素**。

鸡汁锅贴

原料：

面粉 500 克，
猪肉 300 克，
盐 5 克，
味精 1 克，
胡椒粉 1 克，
白糖 10 克，
芝麻油 10 克，
葱姜水 30 克，
鸡汁 300 克，
花生油适量。

做法：

❶ 面粉加入热水调制成三生面团。

❷ 猪肉剁蓉，加入姜葱水、盐、芝麻油、白糖、胡椒粉和鸡汁，搅拌至鸡汁全部被肉蓉吸收后混为一休即成馅。

❸ 面团下剂制皮，包入馅捏成月牙饺形状。

❹ 平锅置火上，加花生油烧热，放入饺坯，煎至饺底色泽金黄酥脆即成。

营养小贴士

这道辅食香脆细嫩，味道鲜美，含有丰富的糖类、蛋白质和脂肪，能够为宝宝提供能量。

洋葱牛肉煎包

原料：

牛肉馅 200 克，

面粉 250 克，

洋葱半个，

姜末 10 克，

花椒水 20 克，

料酒、芝麻油各少许，

生抽、盐、

花生油适量。

做法：

❶ 将面粉加适量温水和成松软的面团，盖上湿布饧 30 分钟。洋葱洗净去皮切成末与牛肉馅、姜末、盐、生抽、料酒、花椒水、芝麻油顺一个方向搅匀成馅。

❷ 将面切成均匀的小剂子擀成皮，包入馅，将收口的一面朝下搓成门钉形。

❸ 平底锅中倒花生油，将小包子褶子朝下放入锅中盖上锅盖，小火煎至两面金黄即可。

营养小贴士

这道辅食既能补充营养，又能增强宝宝的免疫力。而且吃洋葱能够促进宝宝对食物中**铁**元素的吸收，提高胃肠道的张力，增加消化液的分泌。

照烧鸡肉饭

原料：

米饭 1 小碗，
鸡翅根 3 个，
青菜 1 把，
生抽 20 克，
料酒、五香粉、
蜂蜜、盐、
花生油各适量。

做法：

❶ 鸡翅根洗净去骨，用刀背拍打一下后，用叉子在鸡皮上叉匀，然后用料酒和五香粉腌制码味。

❷ 调照烧汁：料酒、生抽、蜂蜜按 2 : 2 : 1 的比例调匀，没有蜂蜜可用白糖代替。

❸ 平底锅内放少许花生油，油热后放入码好味的鸡肉，鸡皮朝下，煎的时候用铲子不停地按压，保持鸡肉平整不卷起。

❹ 待鸡皮煎至金黄时翻面，煎至两面金黄。浇入照烧汁，用小火收汁，随时搅动以免糊锅。

❺ 煎鸡肉的同时另取一个小锅，放水，水沸后氽烫青菜并立即用凉开水过一下，捞出沥干水分。烧好的鸡肉稍凉后切块。盘中盛些米饭，码上鸡肉和青菜，淋些汤汁即可。

营养小贴士

鸡翅根肉质细嫩，营养丰富且易于消化吸收，能够为宝宝提供丰富的蛋白质、脂肪，以及钙、磷、铁等元素。

紫菜米糕

原料:

糯米 300 克,

紫菜皮 5 张,

花生粉 100 克,

香菜末适量,

盐 3 克,

米酒 600 克,

胡椒粉 2 克。

做法:

❶ 糯米洗净,沥干水分后加入米酒浸泡约 4 小时,待用。

❷ 将紫菜皮剪碎,加入到浸泡过的糯米里,搅拌均匀,再加入盐、胡椒粉调味。

❸ 取一只干净的平盘,在盘内铺上耐热保鲜膜,把拌好的紫菜、糯米倒入平盘中,抹平,随后移到事先已烧开水的蒸笼里,用大火蒸约 30 分钟,取出晾凉,切块摆盘。食用时撒上花生粉、香菜末即可。

营养小贴士

糯米含有大量的糖类,还含有蛋白质、钙、钾、磷、铁、烟酸等丰富营养。糯米黏性强,不易消化,所以不要让宝宝一次性吃太多。

奶酪蛋饺

原料：

鸡蛋 1 个，

奶酪片 1 片，

盐 1 克，

花生油适量。

做法：

❶ 将鸡蛋打散，加少许盐搅拌均匀备用。

❷ 在平底锅内倒入少许花生油（油少到不能有流动感）并加热，倒入鸡蛋液，转动锅子，使其成为一个圆形。

❸ 趁蛋液表面尚未完全熟透时，放入奶酪片，快速将蛋饼对折成蛋饺形状。

❹ 将蛋饺翻面，煎至两面金黄色即可。

营养小贴士

奶制品是食物补钙的最佳选择，奶酪正是含钙最多的奶制品，而且这些钙很容易吸收。吃含有奶酪的食物能大大增加宝宝牙齿表层的含钙量，从而起以抑制龋齿发生的作用。

黄金火腿三明治

原料：

面包片 3 片，

鸡蛋 1 个，

火腿 1 片，

肉松 5 克，

生菜叶 1 片，

花生油适量。

做法：

❶ 鸡蛋打散成蛋液；生菜叶洗净。

❷ 把面包片在蛋液中蘸一下，在刷了花生油的平底锅中煎至两面焦黄。

❸ 用生菜叶铺底，放上一片面包，面包上面铺上火腿，然后再放上一片面包，再撒上一层肉松，把最后一片面包放在最上面，然后对角切成三角形即成。

营养小贴士

简单可口的鸡蛋三明治，谷类、肉类、蔬菜营养全面而丰富，能量高。

山药糯米粥

原料：

山药 150 克，

糯米 100 克，

糖适量。

做法：

❶ 糯米洗净入锅，加适量水大火煮开后转小火煮粥。

❷ 山药洗净去皮，切成小块，在糯米粥煮至五成熟时放入锅中，煮至粥熟。

❸ 根据口味加入适量糖拌匀即成。

营养小贴士

山药含有一定量的**酶类**，有促进消化的作用。糯米富含**淀粉**、B 族维生素及**矿物质**。这道辅食是补中益气的佳品。

鲜肉馄饨

原料：

馄饨皮 10 张，

猪瘦肉馅 50 克，

嫩葱叶 10 克，

高汤 500 克，

芝麻油适量。

做法：

❶ 葱叶洗净，切少许葱花，剩余的切成细末。

❷ 在猪瘦肉馅里加入葱末、芝麻油拌匀。

❸ 用小勺将肉馅放到馄饨皮内包好。

❸ 锅内加入高汤（也可用清水），煮开，下入馄饨煮熟，盛出撒少许葱花即可。

营养小贴士

　　这道辅食含有人体生长发育所需的**糖类**、**蛋白质**、**脂肪**等，能够为宝宝机体提供较高能量。

菜肴食谱推荐

五花肉烧芋头

原料：

芋头 400 克，

五花肉 150 克，

姜丝 5 克，

盐 5 克，

八角、桂皮、

老抽、白糖、

花生油各适量。

做法：

❶ 芋头去皮洗净，切滚刀块；五花肉洗净切块。

❷ 炒锅放花生油烧热，放姜丝、八角、桂皮爆香，加入五花肉块煸炒至出油，加白糖炒 1 分钟，放入料酒和老抽炒匀。

❸ 加水没过五花肉块，大水烧开后转小火焖 30 分钟，待汤汁剩下 1/3 时倒入芋头、盐翻炒，待芋头烧熟后，大火收汁即可。

营养小贴士

芋头富含糖类、蛋白质、维生素及钙、磷、铁、钾等矿物质。芋头所含的矿物质中，氟的含量较高，具有洁齿防龋的作用。

木耳炒莴笋

原料：

莴笋 300 克，

水发木耳 200 克，

大蒜 2 瓣，

葱 1 根，

姜 1 片，

盐 3 克，

鸡精 1 克，

花生油适量。

做法：

① 将木耳用温水泡发，去蒂洗净，撕成小朵备用；莴笋去皮洗净后切菱形薄片，加少许盐拌匀；大蒜去皮切成小粒；葱斜切成小段；姜切丝备用。

② 锅置火上，加入花生油烧热，放入姜、蒜，炒出香味，再加入木耳和莴笋，大火快炒至断生。

③ 加入葱段、盐、鸡精，翻炒几下即可。

营养小贴士

莴笋脆嫩清香，木耳软嫩适口，营养又美味！

圆白菜炒粉条

原料:

圆白菜 250 克,

五花肉 100 克,

粉丝 1 小把,

蒜 4 瓣,

葱白 1 段,

盐 3 克,

花椒 5 粒,

生抽 20 克,

花生油适量。

做法:

❶ 将圆白菜一片一片地剥开,用盐水浸泡 30 分钟,而后捞出沥干,切丝。

❷ 粉条稍剪短,用冷水泡软;五花肉切丝;葱白切丝;蒜切片。

❸ 锅置火上,放入花生油烧至五成热,放花椒爆香,而后将花椒拣出,放入切好的肉丝,炒至肉丝变色,加葱丝、蒜瓣炒至闻到香味,放入圆白菜丝,中火炒至圆白菜变软,加入粉条,加盐、生抽调味,炒至粉条入味即可关火。

营养小贴士

　圆白菜含有丰富的**膳食纤维**和**维生素 C**,能刺激胃肠蠕动,帮助消化。它与猪肉搭配,还能促进人体对蛋白质的吸收。

檬汁脆藕

原料:

嫩藕 250 克,

果珍 20 克,

白糖 10 克,

冰糖 10 克,

柠檬汁 30 克,

橙汁 30 克。

做法:

❶ 将嫩藕去皮, 切成薄片, 放入清水中漂洗后, 入沸水中汆烫, 晾凉备用。

❷ 盆中放入冰糖、白糖, 加入少量开水, 制成糖水, 待冷却后, 再加入果珍、柠檬汁、橙汁兑成柠檬色的汁水。

❸ 将藕片放入兑好的汁水中浸泡 4 小时, 取出装盘即可。

营养小贴士

这道辅食口感清脆, 酸甜可口, 富含维生素。

拌花生菠菜

原料：

菠菜 200 克，
花生米 20 克，
熟芝麻 5 克，
盐 1 克，
醋 5 克，
芝麻油少许，
花生油适量。

做法：

❶ 炒锅中直接倒入少许的花生油和花生米，用小火加热，炒至花生不再发出噼啪声后出锅，沥干油后稍加碾磨成花生碎。

❷ 将菠菜洗净，切成小段，在开水中烫一下，取出后再放入凉开水中过一下，捞出沥干水分。

❸ 把菠菜和花生碎放置于盘中，加入盐、醋和芝麻油，最后撒上少许芝麻，搅拌均匀后即可食用。

营养小贴士

菠菜中含有丰富的 β - 胡萝卜素、维生素C、钙、磷及一定量的铁等有益成分，花生和芝麻的蛋白质含量丰富。

冬瓜丸子汤

原料：

猪肉末 150 克，

冬瓜 150 克，

鸡蛋清 1 个，

香菜 3 克，

姜末 10 克，

姜片 2 片，

盐 2 克，

料酒适量，

芝麻油少许。

做法：

❶ 冬瓜削去绿皮，切成厚 0.5 厘米的薄片；猪肉末放入大碗中，加入鸡蛋清、姜末、料酒，少许盐搅拌均匀。

❷ 汤锅加水烧开，放入姜片，调为小火，把肉末挤成个头均匀的丸子，随挤随放入锅中，待肉丸变色发紧时，用汤勺轻轻推动，使之不粘连。

❸ 把丸子全部挤入锅中后开大火将汤烧滚，放入冬瓜片煮 5 分钟，加入盐调味，最后放入香菜，滴入芝麻油即可。

营养小贴士

冬瓜的**糖类**、**维生素**含量均较高，有清热、利尿的功效。

鸡蛋虾仁炒韭菜

原料：

韭菜 200 克，

虾仁 30 克，

鸡蛋 1 个，

盐、酱油、

芝麻油、淀粉、

花生油各适量。

做法：

❶ 先将虾仁洗净水发胀，约 20 分钟后捞出沥干水分待用；韭菜择洗干净，切成 3 厘米长的段备用。

❷ 鸡蛋打破盛入碗内，加入淀粉、芝麻油、虾仁调成蛋糊。

❸ 锅置火上，放花生油烧热，倒入蛋糊，煎熟后放入韭菜同炒。

❹ 待韭菜炒熟，放盐、淋芝麻油，搅拌均匀起锅即可。

营养小贴士

　　韭菜含有丰富的膳食纤维、维生素 A，还有锌和钾元素，搭配蛋白质含量高的虾仁和富含卵磷脂的鸡蛋，营养丰富全面。

木耳烩丝瓜

原料：

木耳 50 克，

丝瓜 1 根，

水淀粉 20 克，

葱花 10 克，

盐 2 克，

花椒粉 1 克，

鸡精 1 克，

花生油适量。

做法：

❶ 木耳洗净，撕成小片；丝瓜去皮，洗净，切成滚刀块。

❷ 炒锅倒入油烧至七成热，下葱花，花椒粉炒出香味。

❸ 倒入丝瓜和木耳炒至熟，用盐和鸡精调味，水淀粉勾芡即可。

营养小贴士

丝瓜中维生素 C 和 B 族维生素含量较高。黑木耳含有大量胶质，对宝宝的消化系统有良好的润滑作用。

白灼芥蓝

原料：

芥蓝 250 克，

蒜 3 瓣，

蒸鱼豉油 10 克，

蚝油 10 克，

花生油适量。

做法：

❶ 芥蓝用刀削去底部老皮，洗净，入沸水锅中加油汆烫 30 秒，关火后用余温再烫 30 秒，捞出沥干水分。

❷ 蒜切成片，蒸鱼豉油和蚝油调成汁淋在芥蓝上。

❸ 锅中下少许花生油烧热，加入蒜片煸香后，一起浇在芥蓝上即可。

营养小贴士

　　芥蓝中含有一种独特的苦味成分——金鸡纳霜，能抑制过度兴奋的体温中枢，起到消暑解热作用。

酿甜椒

原料：

红甜椒 10 个，

五花肉 300 克，

鸡蛋清 1 个，

淀粉 40 克，

盐 4 克，

葱姜汁 5 克，

料酒 15 克，

胡椒粉 1 克，

水淀粉 15 克，

芝麻油 10 克，

花生油适量，

高汤适量。

做法：

❶ 把红甜椒洗净，控净水分，放入烧热的花生油锅内炸至表皮起皱，取出去外皮、蒂和籽，从去蒂处削约 1 厘米做盖，用 25 克淀粉在每个甜椒内抹匀备用。

❷ 将五花肉斩成蓉，放入碗里，加鸡蛋清、葱姜汁、2 克盐和 15 克淀粉拌匀成馅，瓢入甜椒内并将口抹平，盖上甜椒盖，放入大碗里，用皮纸封住碗口，上屉用旺火蒸 15 分钟至熟，取出去掉皮纸，放在盘内。

❸ 炒锅置火上，放高汤、2 克盐、10 克料酒和胡椒粉烧沸，撇去浮沫，用水淀粉勾芡，淋上芝麻油，出锅浇在甜椒上即成。

营养小贴士

红甜椒含有丰富的维生素 C、维生素 B_6、维生素 E、胡萝卜素和叶酸，其维生素 C 的含量比番茄还要高。

麻酱凉面

原料：

面条 250 克，

芝麻酱 50 克，

绿豆芽 100 克，

黄瓜半根，

胡萝卜半根，

鸡蛋 2 个，

大蒜 5 瓣，

香葱 10 克，

盐 5 克，

香醋 5 克，

白砂糖 2 克，

油炸花生碎少许。

做法：

❶ 黄瓜、胡萝卜洗净，去皮，切丝，备用；蒜捣成蒜泥；鸡蛋打散成蛋液，摊成薄饼，切丝。

❷ 芝麻酱用凉开水搅拌开，和蒜泥、香葱、盐拌匀成芝麻酱调味汁。

❸ 煮锅烧开水，放入黄瓜丝、胡萝卜丝、绿豆芽氽熟，然后捞出放入凉开水中。

❹ 将面条煮熟，捞出凉开水，沥干，加入剩下的盐、香醋和白砂糖拌匀。

❺ 拌好的面条加上鸡蛋丝和处理过的黄瓜丝、胡萝卜丝、绿豆芽，淋入芝麻酱调味汁，拌匀，吃时撒上花生碎即可。

营养小贴士

芝麻酱富含**蛋白质**、**氨基酸**及多种维生素和**矿物质**，有很高的保健价值，其含**钙**量比蔬菜和豆类都高得多。

草菇炒毛豆

原料：

草菇 100 克，

毛豆 150 克，

盐 5 克，

花生油适量。

做法：

① 草菇洗净，切片；毛豆去壳，洗净，入沸水锅中汆烫至七八成熟，捞出沥干水分。

② 炒锅置旺火上，放花生油烧至五成热，下入草菇煸炒，待炒出香味时，将毛豆肉放入锅中一起炒，加盐和少量清水，盖上锅盖焖几分钟，至汤汁浓稠时即可。

营养小贴士

　　草菇的**维生素 C** 含量较高，能促进人体新陈代谢，提高机体免疫力，增强抗病能力。

黑椒牛柳

原料：

牛里脊肉 200 克，

洋葱 1 个，

青甜椒 1 个，

黑胡椒粉 2 克，

盐 2 克，

白砂糖 3 克，

蚝油 5 克，

料酒 5 克，

淀粉 10 克，

鸡精 1 克，

花生油适量。

做法：

❶ 牛里脊肉切厚片，用刀背拍松，加入料酒、淀粉及少许花生油，拌匀后腌 15 分钟。

❷ 洋葱剥净、切片；青甜椒洗净、去蒂及籽，切片。

❸ 锅置火上，放花生油烧热，放入牛柳炒至七成熟，放入黑胡椒粉、蚝油、白砂糖、盐、鸡精调味，再放入洋葱和青甜椒，翻炒至牛肉熟即可。

营养小贴士

牛肉中的**肌氨酸**含量高于其他食品，它对宝宝增长肌肉、增强力量特别有效。青甜椒含有抗氧化的**维生素和微量元素**，能增强人的体力。

卤水鸭胗

原料：

鸭胗 300 克，

姜末 5 克，

老抽 10 克，

生抽 10 克，

料酒 10 克，

冰糖 10 克，

香叶 2 片，

八角、桂皮、

甘草、花椒、

花生油各适量，

葱花少许。

做法：

❶ 鸭胗洗净焯水。

❷ 锅置火上，放花生油烧热，爆香葱、姜，倒入清水、老抽、生抽、料酒，放入料包（八角、桂皮、花椒、甘草、香叶）、冰糖，慢火熬煮开约 30 分钟，即成一般卤水。

❸ 放入鸭胗煮熟，离火后拣去料包，用卤水浸泡鸭胗 2 小时左右，盛出，用卤水浇在鸭胗上，撒上葱花即可。

营养小贴士

　　鸭胗主要由肌肉组织组成，富含**蛋白质，铁元素**含量也较丰富。

红白豆腐汤

原料：

豆腐 200 克，

鸭血 100 克，

豌豆尖 50 克，

姜 20 克，

葱 20 克，

盐 2 克，

胡椒粉 1 克，

水淀粉 50 克，

酱油 15 克，

醋 15 克，

花生油、高汤各适量。

做法：

❶ 鸭血在开水锅中煮到内部断红即捞起，与豆腐分别用刀打成 1.5 厘米见方的小薄片；姜切细米；葱切细花；豌豆尖择后洗净（如无豌豆尖，小白菜也可）。

❷ 炒锅置旺火上，放花生油烧热，下姜米炒出香味后掺汤，放盐、酱油、胡椒粉，汤开即下红白豆腐片。

❸ 锅内的汤再开时，加豌豆尖，用水淀粉勾芡，再加醋等搅匀起锅。

营养小贴士

　　鸭血中含有多种人体不能合成的**氨基酸**，红细胞素含量也较高，还含有微量元素**铁**等，这些都是人体造血过程中不可缺少的物质。

油菜豆腐汤

原料：

油菜 200 克，

豆腐 100 克，

鸡汤、姜丝、

盐各适量，

芝麻油少许。

做法：

❶ 油菜洗净切成小块；豆腐切小块。

❷ 锅里放鸡汤烧开，放入姜丝、油菜和豆腐。

❸ 煮开后转小火煮 10 分钟左右，调入盐，关火后滴少许芝麻油即成。

营养小贴士

　　油菜为低脂肪蔬菜，且含有**膳食纤维**。油菜所含**钙**量在绿叶蔬菜中较高，豆腐中也含有丰富的**钙**，这道辅食可为宝宝补充蛋白质和钙。

豆腐三鲜汤

原料：

豆腐 200 克，

水发鱿鱼 200 克，

虾仁 50 克，

海米 50 克，

木耳 50 克，

香菜、姜末、

葱花、盐、

鸡精各适量，

鸡汤 500 克。

做法：

❶ 将海米、虾仁、木耳洗净。

❷ 将豆腐切成丁，鱿鱼切成丝。

❸ 将所有材料放入鸡汤中煮沸，改中小火煮 15 分钟，放入姜、葱、盐、鸡精调味，出锅前放香菜即可。

营养小贴士

鱿鱼除富含蛋白质和人体所需的**氨基酸**外，**钙**、**磷**、**铁**的含量也较高，有利于宝宝骨骼发育和造血。

油菜木耳鸡片

原料：

油菜 200 克，

鸡肉 150 克，

水发木耳 30 克，

葱花少许，

盐 2 克，

鸡精 1 克，

白糖 2 克，

淀粉 10 克，

花生油适量，

芝麻油少许。

做法：

❶ 将油菜洗净，掰成单叶片；鸡肉洗净切片，用淀粉抓匀，焯水备用；黑木耳洗净，去蒂，焯水。

❷ 锅中倒花生油烧热，爆香葱花，放入油菜、鸡片、焯好的黑木耳快速翻炒，加白糖、盐、鸡精调味，淋芝麻油出锅。

营养小贴士

这道辅食荤素搭配，富含**脂肪**、**蛋白质**、**维生素**和**矿物质**等，兼顾各种营养元素的均衡摄入。

烧三色葫芦

原料:

胡萝卜 200 克,

白萝卜 200 克,

莴笋 200 克,

盐 2 克,

姜 1 克,

葱 10 克,

水淀粉 15 克,

鸡汤 250 克,

鸡油 10 克,

花生油适量。

做法:

❶ 将胡萝卜、白萝卜、莴笋分别切成 3.3 厘米长的圆柱体,再用小刀刻成葫芦形,每种刻 10 个,放入沸水内焯熟。

❷ 锅置火上,放花生油烧热,放入姜、葱炒一下,加入鸡汤烧沸,拣去姜、葱,下"小葫芦",加入盐,用水淀粉勾薄芡,淋入鸡油,起锅即成。

营养小贴士

　　这道菜含有丰富的**维生素**等,而且色彩鲜艳,口感脆嫩。

肉末炒泡豇豆

原料：

泡豇豆 150 克，

猪肉 50 克，

青甜椒 50 克，

盐 0.5 克，

花生油适量。

做法：

❶ 泡豇豆切成 0.3 厘米大的细颗；青甜椒切成同样大的颗粒；肥瘦猪肉剁成碎末。

❷ 锅置火上，放花生油烧至六成热，将肉末放入炒散（放少许盐）；炒干水汽现油时，放青甜椒颗粒在油中炒熟；再下泡豇豆同炒，和匀铲入盘内即可。

营养小贴士

泡豇豆稚嫩清香，富含**乳酸**，可刺激人体消化腺分泌消化液，帮助食物的消化吸收。

胡萝卜猪肝汤

原料：

胡萝卜 150 克，

猪肝 50 克，

姜 5 克，

葱 5 克，

盐 2 克，

花生油适量。

做法：

❶ 胡萝卜洗净，切片；猪肝去筋膜，洗净，切片。

❷ 葱切成葱花；姜切片备用。

❸ 锅中放花生油烧热，放入姜片、葱花爆香，再放入猪肝片、胡萝卜片翻炒均匀，加适量水炖10分钟，加盐即可。

营养小贴士

这道辅食富含维生素 A、胡萝卜素和铁，具有补血、养肝明目的功效。

冰糖银耳

原料：

水发银耳 200 克，

山楂糕 30 克，

白糖 150 克，

冰糖 150 克。

做法：

1 将银耳择去老根，用剪刀剪成小朵；山楂糕切成 1 厘米见方的丁。

2 炒锅内放入沸水，将银耳氽透捞出放入盆内，加白糖和少量开水上笼蒸约 15 分钟取下，先滗出汤，再把银耳倒入大汤碗内。

3 炒锅内放入清水、冰糖烧开，待冰糖融化，撇去浮沫，倒入银耳碗内，撒上山楂糕丁即成。

营养小贴士

银耳富含**维生素 D**，能促进钙的吸收，防止钙的流失，对宝宝生长发育十分有益。

番茄鱼丸瘦肉汤

原料：

鱼丸 250 克，

番茄 2 个，

瘦肉 100 克，

香菜少许，

老姜 1 块，

盐适量，

鸡精少许。

做法：

❶ 将番茄切瓣，瘦肉切块，姜去皮，香菜少许切末。

❷ 将瘦肉块放入沸水中氽一下，煮去表面血渍，再捞出用水洗净。

❸ 取砂锅一个，放入番茄、鱼丸、瘦肉块、姜，加入清水，以慢火煲 2 小时后调入食盐、鸡精，撒上香菜末即可食用。

营养小贴士

　　鱼丸口感脆弹，营养丰富，富含维生素 A、铁、钙、磷等，食之有滋补健胃、养肝补血的功效。

第五章

功能食谱

宝宝生病时的营养食疗餐

过敏调理食谱

过敏是免疫系统对物质的过度反应。任何食物、空气内的附着物都可能引起过敏。平时，家长可以给宝宝多吃一些抗过敏食物，如胡萝卜、金针菇、番茄、苹果、酸奶、菜花等。

胡萝卜苹果泥

原料：
苹果 1/2 个，
胡萝卜 1/2 个。

做法：
❶ 胡萝卜、苹果洗净后，去皮切块，加水煮。
❷ 将煮软的胡萝卜块和苹果块均放入料理机打成泥即可。

营养小贴士

苹果中含有神奇的"苹果酚"，极易在水中溶解，易被人体所吸收。而且苹果酚能缓解过敏症状，有一定的抗过敏作用。

西蓝花浓汤

原料：
西蓝花 3 朵，
牛奶 50 克。

做法：
❶ 西蓝花掰成小朵，用水清洗干净。
❷ 锅里放入适量清水，水开后把西蓝花放进锅里焯熟，沥干水备用。
❸ 把西蓝花和牛奶放进料理机里打成汁，而后将西蓝花浓汤放回锅内加热 2 分钟即可。

营养小贴士

西蓝花是一种常见的蔬菜，也是一种抗过敏的蔬菜，因为西蓝花中含有**莱菔硫烷**，这种成分能有效抑制过敏原对呼吸道造成的不良影响，从而减少过敏性哮喘、过敏性鼻炎的发生。

苹果酸奶沙拉

原料:

苹果 1 个,

酸奶 1 杯,

橙子 1/2 个。

做法:

❶ 苹果洗净后去皮、核,切成小丁。

❷ 橙子去皮、籽,也切成同样大小的小丁。

❸ 将酸奶与苹果丁和橙子丁拌匀即可。

营养小贴士

水果沙拉营养丰富、口感新鲜,深受大众喜爱,是提高宝宝身体免疫力的佳品,对过敏有一定的预防作用。

湿疹调理食谱

　　饮食是引起小儿湿疹的一个重要原因，因此，一旦宝宝出现湿疹，家长要"排查"宝宝的食物中是否存在过敏原。专家建议，月龄较大的婴儿发生湿疹，可在日常饮食中选择一些可清热利湿的食物，如芹菜、西葫芦、丝瓜、冬瓜等；患干性湿疹的宝宝要多喝水，多吃一些富含维生素 A 和维生素 B 的食物。

红豆薏米汤

原料：

红豆 50 克，薏米 30 克。

做法：

❶ 红豆和薏米分别洗净后用水浸泡一夜。

❷ 将薏米和红豆一同放入高压锅内，加清水煮至软烂即可。

营养小贴士

　　红豆和薏米都是祛湿佳品，促进体内血液和水分的新陈代谢，有利尿消肿的作用，能够帮助身体排出多余水分。但是薏米偏凉性，建议妈妈将薏米炒熟后再使用。

海带薏米冬瓜素汤

原料：

海带 50 克，

冬瓜 100 克，

薏米 20 克。

做法：

❶ 薏米洗净后用水浸泡一夜。

❷ 冬瓜去皮，洗净后切薄片；海带洗净后切成小片。

❸ 小汤锅加水，放入所有食材一同煮至软烂即可。

营养小贴士

这道汤有很好的健脾祛湿的作用，对缓解宝宝湿疹症状有很好的作用。

山药薏米茯苓粥

原料：

小米 100 克，

山药 30 克，

茯苓粉 5 克，

薏米 10 克。

做法：

❶山药去皮后切小块，泡在盐水里防止氧化。

❷薏米和小米洗净后，用水泡一会儿，然后放入砂锅里，加入足量的清水，大火煮开后转小火熬至米烂。

❸加入山药和茯苓粉，继续煮 20 分钟即可。

营养小贴士

　　茯苓具有渗湿利水、健脾和胃的作用。这款粥对宝宝有很好的健脾胃、除湿、清热的作用，对湿疹有一定预防作用。

便秘调理食谱

宝宝便秘常表现为大便干硬，隔时较久，有时2~3天排一次便，有时还排便困难……便秘的诱因很多，常见原因是消化不良，可以通过饮食加以调理改善。宝宝可以多吃一些富含膳食纤维的食物，如果泥、果蔬汁、菜泥等。蔬菜、水果、杂粮、薯类都是富含膳食纤维的食材。

甜玉米汤

原料：

新鲜甜玉米100克，鸡蛋1个，淀粉适量。

做法：

1 将玉米剥皮，掰下米粒，用清水洗净。

2 锅中加入半锅清水，开大火将玉米粒煮开。

3 边搅边将打好的鸡蛋液倒入锅中，慢慢形成蛋花状。

4 将水淀粉慢慢加入汤中，搅拌至有点稠即可。

营养小贴士

玉米中含有大量的**膳食纤维**，可以刺激胃肠道蠕动，缩短肠内食物残渣的停留时间，有效地加速粪便排泄，从而把有害物质带出体外，对宝宝便秘有很好的防治作用。

紫甘蓝苹果玉米沙拉

原料：

苹果 1/2 个，

紫甘蓝 1 ~ 2 片，

酸奶 1 杯，

玉米粒适量。

做法：

❶苹果洗净后去皮、核，切丁。

❷将玉米放入锅中煮熟，捞起，备用。

❸紫甘蓝洗净后切碎。

❹玉米粒和苹果丁、紫甘蓝碎混合后淋入酸奶即可。

营养小贴士

　　紫甘蓝含有大量**膳食纤维**，能够促进胃肠道蠕动；搭配同样富含膳食纤维的苹果，很适合便秘宝宝食用。

香蕉大米粥

原料:
香蕉 50 克,
大米 20 克。

做法:
❶ 香蕉去皮切成小块,再用勺子压成糊状。
❷ 将大米淘洗干净,放入清水锅中,熬煮成大米粥。
❸ 把香蕉糊放入大米粥中,再加入少许温开水混合均匀,边煮边搅拌,5 分钟后熄火即可。

营养小贴士

这款粥的做法适合辅食添加初期的宝宝在便秘时食用。大一点的宝宝吃,可以保留香蕉颗粒,切成小块即可。

腹泻调理食谱

腹泻是婴幼儿经常会发生的病症。除了感染性腹泻需要根据医生的处方治疗外，很多腹泻是以饮食调理为主的。除了要多喝水，补充身体丢失的水分外，腹泻的宝宝还应该多吃些不会刺激消化系统的温性食物，如胡萝卜、桃、柑橘、橙子等，少吃含高纤维的果蔬。

焦米糊

原料：
大米 50 克。

做法：

❶ 将大米炒至焦黄，用搅拌机研成细末。

❷ 焦米粉加入适量的水，煮成糊即可。

营养小贴士

炒焦的米做成的焦米粉已经部分炭化，加水以后再加热，就成了糊糊，更容易消化。焦米粉的炭化结构有较好的吸附止泻作用。

蒸苹果泥

原料：

苹果 1 个。

做法：

❶ 苹果清洗干净，去皮、核，切小块，用搅拌机搅打成泥。

❷ 将苹果泥放入蒸锅，隔水蒸熟即可。

营养小贴士

蒸熟或煮熟的苹果可以缓解单纯性腹泻，而生苹果泥可以减轻或预防便秘。

胡萝卜汤

原料：

胡萝卜 50 克。

做法：

❶ 将胡萝卜清洗干净，去皮，切成小块，放入搅拌机中搅拌成泥。

❷ 将胡萝卜泥加水煮 10 分钟，用细筛过滤去渣。

❸ 在胡萝卜泥中加水并再次煮开即可。

营养小贴士

胡萝卜所含的**果胶**能促使大便成形，调节肠道菌群，是一种良好的止泻食物。

咳嗽调理食谱

　　宝宝咳嗽是常发生的事，但病因有很多种，妈妈们要分清楚，对症下药。咳嗽的宝宝应注意多喝水，饮食保持清淡，忌油腻、油炸、冷饮、鱼腥等食物。

　　常见的去肺火食材有梨、马蹄、萝卜、菊花等。

马蹄爽

原料：

马蹄 10 个。

做法：

❶ 马蹄洗净，去皮，切成小块。

❷ 马蹄块放入锅中，加适量水煮 10 分钟，过滤后取汁即可。

营养小贴士

　　马蹄性寒，马蹄水能化痰、清热，对热性咳嗽且有痰的宝宝效果很好。马蹄还有促进宝宝生长发育和维持生理功能的作用，对牙齿和骨骼的发育有很大的好处。

盐蒸橙子

原料：

橙子 1 个，
盐 2 克。

做法：

❶ 将橙子用盐搓洗干净，切去顶，露出橙肉。

❷ 将少许盐均匀撒在橙肉上，用筷子戳几下，便于盐分渗入，盖上切掉的顶，用牙签插住固定。

❸ 将橙子装在碗中，上锅蒸，水开后蒸 10 分钟左右，取出后去皮，取果肉连同蒸出来的水一起吃。

营养小贴士

这道辅食可减轻感冒引起的咳嗽症状。

水梨米汤

原料：
梨 1/4 个，
大米 30 克。

做法：

❶ 将梨在清水中洗净，去皮、核，切成小块，用榨汁机榨出梨汁备用。

❷ 将大米在清水中淘洗干净，然后放入清水锅中熬煮成大米汤。

❸ 将梨汁和大米汤以 1：1 的比例搅匀即可。

营养小贴士

梨对小儿肠炎、便秘、厌食、消化不良、肺热等有一定的疗效，因此，梨与米汤搭配喂宝宝是不错的选择。

白萝卜梨汁

原料：
白萝卜 30 克，
梨 1/2 个。

做法：
❶ 将白萝卜在清水中洗净，去皮，切成细丝。
❷ 梨洗净，去皮、核，切成薄片。
❸ 将白萝卜丝倒入锅内，加清水烧开，用小火炖
10 分钟后加入梨片，再煮 5 分钟，取汁即可食用。

营养小贴士

白萝卜富含**维生素**C、**蛋白质**等营养成分，具有止咳润肺的作用，
非常适合宝宝食用。

上火调理食谱

　　宝宝的"火"通常属于实火，一般是由于吃得过多引起的,也就是积食引发了上火。上火的宝宝饮食要清淡些，可以食用一些清火的蔬菜，如白菜、芹菜、莴笋等，还可以做一些绿豆汤之类的去火汤。要培养宝宝喝白开水的习惯，以补充宝宝体内所需的水分，同时，也是在清理肠道、排除废物等。

雪梨莲藕汁

原料：

莲藕 1 小节，雪梨 1/2 个。

做法：

❶ 莲藕和雪梨洗净后，分别削皮、切块。

❷ 将莲藕块和雪梨块放入榨汁机内榨成汁即可。

营养小贴士

　　莲藕有清热祛湿的功效，对于宝宝上火、肺热咳嗽有一定的缓解作用。

黄瓜雪梨汁

原料：

黄瓜 1/2 根，

雪梨 1/2 个。

做法：

❶ 黄瓜洗净切小块，雪梨洗净去核后切成块。

❷ 将黄瓜块和雪梨块放入榨汁机内榨成汁即可。

营养小贴士

　　黄瓜具有清热、利水、除湿的作用，和雪梨搭配是很好的去火饮品，非常适合易上火的宝宝。

苦瓜蛋饼

原料：

苦瓜 80 克，

鸡蛋 1 个，

盐少许，

花生油适量。

做法：

❶ 苦瓜去籽，洗净，切成薄片，加少许盐搅匀，腌渍 15 分钟，然后放沸水中略焯一下。

❷ 鸡蛋搅打均匀成蛋液，加少许盐。

❸ 锅中放入适量花生油，大火烧热后，先下入苦瓜片略炒，然后倒入鸡蛋液，摊成饼，两面煎熟即可。

营养小贴士

　　苦瓜中含有一种**活性蛋白质**，能提高人体免疫功能，增强免疫细胞的活力，从而增强宝宝身体的抗病力。宝宝往往比大人更容易上火，苦瓜有助于消除暑热，对预防中暑、胃肠炎、咽喉炎等也有一些作用。

感冒调理食谱

感冒，即急性上呼吸道感染，是宝宝最常见的疾病。感冒期间可以让宝宝多吃一些含维生素C丰富的水果，吃一些清淡和容易消化的流质或半流质食物，如菜汤、稀粥、瘦肉汤等。病情恢复后期，可以多给宝宝补充瘦肉、鱼、豆腐等高蛋白食物，促进身体恢复。

水果藕粉

原料：
藕粉50克，
梨1/2个。

做法：

❶ 将藕粉用温开水调匀；梨洗净，去皮、核、切碎。

❷ 将调好的藕粉倒入锅内，用小火慢慢熬煮，边熬边搅拌，直到熬透明为止。

❸ 加入切碎的梨末，稍煮即可。

营养小贴士

水果中的**有机酸**可促进消化，增加食欲；还能帮助宝宝在感冒期间补充丰富的**维生素C**，有散热润肺的作用，可以有效缓解宝宝风热感冒的症状。

橘皮姜丝汤

原料：

橘皮 15 克，

姜 10 克，

冰糖适量。

做法：

❶ 橘皮洗净后切丝；姜洗净后去皮，也切成丝。

❷ 锅中加清水，把姜丝放进去，用大火煮开，然后转小火煮 3 分钟。

❸ 再加入橘皮丝、冰糖，煮 3 分钟即可。

营养小贴士

这款汤适合风寒感冒的宝宝。橘皮和姜都是辛温食材，可以祛风寒，发汗解表，通气。

白萝卜汤

原料：

白萝卜 100 克。

做法：

❶ 白萝卜洗净后去皮，切薄片，放入锅中，加适量清水煮 5 ~ 10 分钟。

❷ 滤除萝卜片，取汤汁即可。

营养小贴士

这道汤适合风热感冒的宝宝。妈妈把汤汁放凉至接近体温后，作为饮用水喂给宝宝。

图书在版编目（ＣＩＰ）数据

0～6岁聪明宝宝食谱全书/艾贝母婴研究中心编著
. -- 成都：四川科学技术出版社，2020.6
ISBN 978-7-5364-9811-2

Ⅰ. ①0… Ⅱ . ①艾… Ⅲ . ①婴幼儿—食谱 Ⅳ .
① TS972.162

中国版本图书馆 CIP 数据核字 (2020) 第 078676 号

0～6岁聪明宝宝食谱全书
0～6 SUI CONGMING BAOBAO SHIPU QUANSHU

出 品 人　程佳月
编 著 者　艾贝母婴研究中心
责 任 编 辑　梅　红
封 面 设 计　仙　境
责 任 出 版　欧晓春
出 版 发 行　四川科学技术出版社
　　　　　　地址　成都市槐树街2号　邮政编码　610031
　　　　　　官方微博　http://e.weibo.com/sckjcbs
　　　　　　官方微信公众号　sckjcbs
　　　　　　传真　028-87734035
成 品 尺 寸　170mm×240mm
印 　 张　18
字 　 数　360千
印 　 刷　雅迪云印（天津）科技有限公司
版次/印次　2020年9月第1版　2020年9月第1次印刷
定 　 价　49.80元

ISBN 978-7-5364-9811-2